四季植物景观设计

应求是

李永红　钱江波　张永龙　著

ZHEJIANG UNIVERSITY PRESS
浙江大学出版社

图书在版编目（CIP）数据

四季植物景观设计 / 应求是等著. —杭州：浙江大学出版社，2019.1

ISBN 978-7-308-18776-3

Ⅰ. ①四… Ⅱ. ①应… Ⅲ. ①园林植物–景观设计 Ⅳ. ① TU986.2

中国版本图书馆 CIP 数据核字（2018）第 286196 号

四季植物景观设计

应求是　李永红　钱江波　张永龙　著

责任编辑	季　峥（really @zju.edu.cn）	
责任校对	陈静毅　夏湘娣	
封面设计	周　灵	
出版发行	浙江大学出版社	
	（杭州市天目山路 148 号　邮政编码 310007）	
	（网址：http://www.zjupress.com）	
排　　版	杭州享尔文化创意有限公司	
印　　刷	浙江海虹彩色印务有限公司	
开　　本	787mm×1092mm　1/16	
印　　张	12.75	
字　　数	294 千	
版 印 次	2019 年 1 月第 1 版　2019 年 1 月第 1 次印刷	
书　　号	ISBN 978-7-308-18776-3	
定　　价	98.00 元	

前　言

　　一座园林是一件包罗万象的艺术作品,天文地理、历史人文、自然科学、美学哲学、民俗民风等无一不在其中展现。植物作为其中惟一有生命的要素,以类似的生命轮回与人产生共鸣,以季相变化表达作品的主题、提升作品的生命力,在园林中起着关键且无可替代的作用。

　　植物具有地域性、多样性、适应性、文化性等特点,在园林作品中不断地生长与变化。植物材料的独特属性使植物景观设计时需要对植物有系统和科学的认识,综合、平衡众多的植物属性(文化、形态、体量、色彩、季相、生长速度等)与其他园林要素,在限定的环境条件中表达主题。现代园林因场地的限制、受众的变化、功能的增加、审美的提高等原因,对植物的文化展现、空间营造、季相变化、形态组合、色彩配置、诗情画意再现等方面有了更高的要求。杭州园林的植物景观以西湖风景名胜区为代表,有着独特的风格和行业地位。西湖特色植物是西湖文化遗产的六大组成要素之一,西湖植物造景艺术在10多个世纪的持续演变中日臻完善,并成为经典,影响着杭州城区绿地的植物配置方式。我们对杭州主城区不同类型的园林绿地进行了全面的调查,筛选出50个植物配置典型案例并进行测绘与跟踪观察、记录,着重分析各案例在色彩与季相、形态与质感、立面层次、平面布局、与环境的和谐性等方面的特点,并利用层次分析法进行综合评价与分析。在此基础上,总结杭州典型植物景观的设计原则与设计方法,以期对植物配置特别是植物配置的季相变化的了解有所提升,并为设计所用。

　　为了避免出现植物同物异名或同名异物的状况，本书中大部分植物的中名和拉丁名参考中科院植物所官网中所用的名字，个别植物依旧沿用园林行业内的习惯用法，如桂花、荷花未使用木犀、莲，等等；拉丁名统一标注在最后的附表中。部分中国传统文学作品中描述的植物，如无法考证到种，不标注拉丁名。植物的物候因植物的个体、生存环境、气候等不同而存在差异，因此本书中植物物候仅代表其在杭州的正常状况。

　　本书的出版得到了杭州西湖风景名胜区管委会（杭州市园文局）科技项目"美丽杭州典型四季观赏植物配置艺术研究"的大力支持，由杭州植物园与杭州园林设计院股份有限公司合作完成。浙江理工大学硕士研究生邬丛榆和李秋明参与案例平面图的绘制、修改和调整。在此一并表示感谢！

应求是
2018 年 10 月

目录

新疆喀拉峻草原

第 1 章　植物的特点

1.1　植物的生命特征

在众多艺术门类中，园林是惟一用活的生命体创作的、以相对稳定的形态长时间存在的一种艺术。这个活的生命体就是植物。植物是各个艺术领域中都不可或缺的元素，对于现代人而言，更是城市环境中最容易让人产生生命体验与生命感悟的生命体。

植物有明显的个体差异，同时具有不可复制性。世界上没有两片完全相同的树叶，自然也不可能存在两株完全相同的植物。同一种植物虽然说在分类学上有着相似的外部性状，但因所处生态环境的不同、自然变异等，足以形成美学意义上完全不同的两种外形。这种不可复制性不仅让园林这类艺术作品具有惟一性，还为欣赏者带来独有的体验过程。

植物的外部形态随着四季更替有着丰富的变化。二十四节气就是中国古代劳动人民经过长期经验积累而制定的用于指导农事的历法，与植物的季相变化有着密不可分的关

自然是最好的设计师

"网"住的植物

联。每一个节气所展示的气象特征都与生命体的内在变化息息相关。植物的外部形态有着与人类相似的从幼苗至生长旺盛，最后逐渐衰败的生命历程，但其在春、夏、秋、冬的开花、展叶、挂果、换叶过程中又有着重复的季节性变化。这种年复一年的周期性的重复和变化与中国传统哲学美学的回返往复的生命思想极为契合，观者往往能从中得到启迪。

植物与人类具有相似又差异极大的生命循环。植物的生命周期长短差异大。自然界中有着几个月完成生命轮回的物种，也有着生活了几千年的古树。这样相似而又差别大的生命周期与生命变化，极易引起人类对生命本体的感动与思考。植物立于出生地，即便环境条件不完全适合，即便环境条件不断变化，它也会积极地寻找方法去适应环境，从而生长得更好。这也总能触动人们的思考。而植物的多样性、对环境适应能力的区别、对恶劣环境的应激反应，让每一个不同性格的人在自然界中都能找到那种与自己相似的物种，赋予其自己对生命的体验，这也是植物对很多人具有吸引力的原因。

飘落的生命

飞舞的生命

应用植物的生命特征组建的园林，有着其他艺术不可替代的特点。其在不断生长变化过程中，通过个体差异、四季生长的变化、生命周期的变化等，带给人们舒适的环境、美的享受及心灵的触动。研究表明，植物对人类的生理健康与心理健康都具有一定的治疗功能。植物在生长、开花、结果等过程中营造着美丽的景致，提升人的愉悦感。大部分植物是绿色的，这种颜色对于缓解视觉疲劳及各种心理压力都具有显著的效果。植物具有各种挥发性物质，这些物质会影响人的创造力、情绪、感知性能和生理健康。[1]18世纪末，德国园艺理论家克里斯汀提出，花园应该和医院连接在一起，或者围绕着它，因为如果病人能从窗户观看到茂盛及快乐的景象，他会充满活力，忘却忧愁，产生正面而积极的看法。[2]

1.2 植物的文化特征

在自然界中，植物是与人类生活息息相关却最有可能被忽略的一种生命类型。因为植物无法行走，形态在一定时期内相对稳定，人们常错以为它不是以生命的形式存在。但是我们的生活甚至生存始终离不开植物，无论是柴米油盐酱醋茶，还是琴棋书画诗酒花，无一不需要植物的支撑。对于中国人而言，更是如此。植物不仅仅是人类生存的必需品，还是中国人精神领域的必需品。在中国传统文化中，植物被大量用于诗词歌赋、琴棋书画中。艺术作品的最高追求——对"生命的体验与超越"也常常通过对植物的描绘而表达。

《诗经》是我国最古老的诗歌总集，反映了人们劳动、生活、感情、婚姻、礼仪、

1　诗词歌赋、琴棋书画无一离得开植物

2　传统的洞箫是由一管竹子制成的简单乐器，声音却更接近人的心灵

3　雪梅

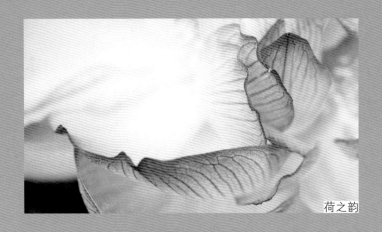

荷之韵

外交等内容。在 305 首诗中，总计有 135 首，即近一半的篇章中提到或专门描述植物，出现的植物有 137 类（种）。出现最多的是桑、黍、枣三种植物，其他有小麦、葛藤、芦苇、柏类、葫芦瓜、松、大豆、柞木、黄荆、棠梨、大麻、稻、粟、枸杞等。[3] 据分析，这些出现较多的多为日常的吃、穿、用（木材）涉及的植物。这可以从另一个侧面说明植物最初在日常生活中多是为了满足物质需求，而且是生活不可缺的物质。此外，在《诗经》中，植物已经被赋予抒情、托物言志的作用。如"桃之夭夭，灼灼其华"，"桃之夭夭，有蕡其实"，"桃之夭夭，其叶蓁蓁"表达了女子对幸福美满婚姻生活的渴望。

随着中国园林的发展，植物逐渐成为观赏对象而存在于生活之中。在殷、周、秦、汉时期，皇家园林中就已经有人工栽植的树木。至魏晋南北朝，私家园林异军突起，各类花木——桃李竹柏等作为观赏植物出现在园林中。自此以后，植物成了传统园林中不可缺少的重要元素。关于植物的描述，也逐渐从形、色、香、声、影等自然属性到赋予其不同的拟人化的精神内涵。梅兰竹菊"四君子"因傲雪开放、幽香清远、直立有节、百花凋零之后的素雅而成为文人笔下坚强、内修、虚心、高洁、坚贞等品格的象征。荷花因出淤泥而不染，被誉为高洁与无私奉献的代表，亦为佛教的圣物之一。松因其树姿苍劲有力，在霜雪中傲立而不凋，被誉为坚强、长寿的象征。玉兰、海棠、牡丹、桂花因谐音"玉堂富贵"而代表对美好生活的向往和祝福，被广泛应用在各种庭院中。在园林里，植物不再仅仅是植物，它被赋予了全新的文化意蕴。将植物拟人化并赋予其不同的秉性，这在世界其他国家的文化中是少见的。中国历代的诗词歌赋、章回小说、成语典故以及国画中，都不乏以植物借喻的例子。如以白杨比喻悲凉，甚至暗示死亡及坟地；以芝、兰（芝为灵芝，兰为泽兰或兰花）比喻美好的事物；以紫荆代表兄弟情。香椿以其高大挺直（栋梁之材）、长寿被比喻为父亲，萱草以其"忘忧"

雪中的松

玉兰 海棠

牡丹 桂花

之意被比喻为母亲；"椿萱并茂"为祝福双亲健康长寿的表达……对比现代西方流传的各种花语，中国传统文化中对植物的借喻更有与植物本身属性的相似性和文化依托，更值得深度挖掘与利用。

1.3　植物的生态价值

城市人口密集，建筑物和城市道路集中，是人工物质系统极度发达、污染严重、环境资源有限、人类的居住和活动占据主导地位的特殊生态系统。城市中的生态系统主要通过园林绿地中的植物营建。它们在城市生态系统中承担着调节温度、增加湿度、涵养水源、固土保肥、净化污染物质、降噪等方面的功能。[4]

园林绿地中的植物通过树冠的遮挡、叶面蒸腾、形成局部微风等途径改善城市的舒适性。有研究表明，1hm² 绿地在夏季（典型的天气条件下）可从环境中吸收 81.8MJ 的能量，相当于 189 台空调全天候的制冷效果 。[5] 不同树种的遮阴降温效果有差异。陈明玲等的研究表明，覆盖率越大，植物对道路的降温增湿效果越明显；覆盖率大于 90% 的香樟行道树和悬铃木行道树日平均降温率为 5.65% 和 4.42%,增湿率为 6.49% 和 5.28% 。[6] 绿地白天的气温较建筑物集中处低，晚上的气温较建筑物集中处高，温度差异形成空气流动，促进空气交换，加速大气污染物的扩散，改善城市的大气质量。大面积的郊区森林公园有利于促进空气流动，进一步减弱热岛效应。

园林绿地通过植物根系对土壤的固定与改良、凋落物及树冠对雨水的截留等方法有效储存及截留雨水，缓和地表径流水量，涵养水源。研究表明，在城市中覆盖植被的区块，仅有 5%~15% 的降水形成地表径流；在没有植物的区块，约 60% 的降水形成地表径流，通过地下管网排出。研究表明，广州不同林地植被层储水量为 96~296t/hm²，凋落物的

储水量为 1.8~4.8t/hm²，1m 深土层土壤储水量为 2859~3655t/hm²（裸地为 1786t/hm²）；在降水过程中，不同类型林地林冠截留雨水的能力为 15~67t/hm²，凋落物层截留雨水的能力是 33~93t/hm²，1m 深土层土壤调蓄水的能力为 649~1367t/hm²（裸地为 483t/hm²）。[7]

植物的根系对土壤形成保护，减轻雨水的冲刷，减少土壤流失。同时，植物的凋落物还归还部分吸收的土壤养分，改良土壤结构，改善土壤理化性质，提高土壤肥力，维持土壤的相对稳定。研究表明，广州城市不同类型林地的土壤侵蚀量比裸地少 2.833~5.238t/（hm²·a），比裸地多保留的 N、P、K、有机质含量分别为 46.02~1326.40t/a、13.52~377.05t/a、455.00~13560.26t/a、764.40~23094.19t/a。[7]

城市是为人类的居住与活动服务的。植物在改善城市大气环境方面（固碳释氧、滞尘、吸收有害物质，甚至是改善风环境）起到不可缺少的作用。植物在光合作用和呼吸作用下，1hm² 净吸收二氧化碳 16t、释放氧气 12t，从而减轻了二氧化碳对人类生活环境带来的危害。

植物还具有减弱噪音等多种改善城市环境、提高居住舒适性的功能。研究表明，40m 宽的林带可以减少噪声 10~15dB，4.4m 宽的绿篱可以减少噪声 6~8dB。[8]

植物为各种动物提供必要的居住环境、食物。陆地植物的花、果、枝、叶是许多鸟类、昆虫的食物，水生植物的枝、叶是许多水生动物的食物。大部分动物依赖植物而生存。城市绿地系统的分布，园林绿地中植物的物种组成、群落结构与数量等是影响城市生物多样性的重要因子。

植物给城市带来美丽的环境和清新的空气

风雪中的希望

第2章 植物景观的季相特征

　　植物随着四季的更替，有萌动、展叶、开花、结果、落叶（或换叶）、休眠等不同的生长阶段，在每年的不同季节形成相对固定却又变化的景观。每种植物的开花机制不同，同一植物的花期每年都有着微小的差别；每年环境条件的差异导致植物外部形态的变化；特别的天气条件下植物营造出的独特氛围与意境等是人们在每一年每一个季节都期待的变化。春季海棠与玉兰共同开放的景致，夏季满塘的荷花、雨雾天荷叶露珠滴落演奏出的动听乐曲，秋季槭树渲染出的亮丽红色和黄色，冬季漫天大雪下盛开的红梅、大雾下的树林、带着露珠的花儿等，成为很多人每一年的期盼。

1	2
3	4

1 雾凇中的迷幻
2 星空下的童真
3 雨雾间的冷寂
4 晨曦里的明媚

2.1 哲学意义

中国哲学是生命的、体验的。中国美学主要是生命体验和超越的学说，是一种生命安顿之学。[9] 植物的生命与自然融合、与人共通，展现着自然的力量，是展示"天人合一"思想的重要载体。

在植物组成的世界中，"鸟语花香"让人更容易产生愉悦的心情。"空山无人，水流花开"让人更容易放下所有，成为最真实的人。"落花随水去，修竹引风来"是以常见的植物季相变化，引出重要的哲学观点。"一花一世界"体现了在中国哲学中一物就代表一个意义世界。

无论是大地景观还是一株小苔藓，都是一个意义世界

"逝者如斯夫，不舍昼夜。"植物在时光的流逝中，有着四季的轮回，也有着生长的变化。人在植物的世界中，随时感受着生命的新变，触发对生命的体验。

2.2 文化特质

植物在诗词歌赋、绘画、音乐等各类中国传统艺术中都具有重要的地位。

中国画的主要题材是山水、花鸟、人物。山水画、花鸟画中，植物是不可缺少的元素，甚至就是画的主体。人物画中也缺少不了植物的点缀。中国传统绘画艺术不管是形式还是表达的境界都离不开植物。垂柳、松柏、荷花、水仙、兰花、菊花、牡丹、梅花、竹、芭蕉、玉兰等中国传统园林中常用的园林植物无不出现在绘画之中。绘画赋予这些植物更多的形式美与意境美，展现它们或孤寂或深远或孤傲或高洁的文化特质。明代画家陈洪绶喜欢画芭蕉。他的《蕉林酌酒图》中，主人坐在芭蕉林下望着远方，一位煮酒的女子坐在一大片芭蕉叶上，将菊花倒入鼎器。芭蕉暗示生命的脆弱，画作利用芭蕉的文化属性表现即幻即真的生命不可

私家园林中的玉兰窗景

确定性。中国画中的植物，被广泛应用于私家园林中，以表达园主的心性与追求。

和绘画相同，中国历代诗词中出现的众多植物，如竹、柳、桑、松、桂、梅、兰花、桃花、菊花、茶、杏、木兰、银杏、梧桐等，亦被赋予各种情绪、情怀以及精神。楚辞带有超迈、烂漫、自由的情调，与《诗经》一南一北，构成了战国以来中国人审美的两大因素。"朝饮木兰之坠露兮，夕餐秋菊之落英"是作者借木兰与秋菊的芬芳与洁净表达了自己的洁净情怀与追求。"扈江离与辟芷兮，纫秋兰以为佩"亦是以江离、辟芷、秋兰这些香草代表高洁的精神。唐代是诗的全盛时期，《全唐诗》中出现的植物共计398种。其中，柳树是引述最多的植物，"柳"因与"留"谐音，在诗词中被用于表达浓浓的离愁。词起源于唐代，盛于宋代。《全宋词》中出现的植物有321种，以柳最多，梅次之，荷、竹、桃、菊又次之。[3]李清照的《醉花阴》"东篱把酒黄昏后，有暗香盈袖。莫道不消魂，帘卷西风，人比黄花瘦"，借菊花抒发对丈夫的思念之情。[3]

在中国传统音乐中，植物依旧是不可缺少的元素。古琴、箫等传统乐器本身就是由植物材料制成。许多音乐的主题是植物。如古琴曲《梅花三弄》就是借物抒怀，借梅花的洁白、耐寒、独自开放等特征来歌咏具有高尚情节的人。元代是中国戏曲的黄金时代。元曲中常常通过起兴、隐喻暗示情节。《全元散曲》中共引述268种植物，引述次数最多的依次是柳、荷、梅、桃、竹、茶等植物。梁辰鱼的《南双调孝南歌·庚午初秋悼亡改定旧曲》"梧桐清影凉，人孤夜长。鞋拆金莲，镜破菱花样。香冷荑囊，被卷芙蓉帐"，以梧桐、茱萸象征秋天，表达凄凉心境。[3]

植物在不同季节具有特殊表象，极易令人触景生情，产生各种情绪与感触。宋代曾巩的《咏柳》"乱条犹未变初黄，倚得东风势便狂。解把飞花蒙日月，不知天地有清霜"，用早春柳枝在春风里狂舞、柳絮在空中漫天飘散的情景比喻一个人得意猖狂的状态，令人深思。南宋诗人谢枋的《庆全庵桃花》"寻得桃源好避秦，桃红又见一年春。花飞莫遣随流水，怕有渔郎来问津"，用桃花喻指世外桃源，借景抒情，抒发作者在国土沦丧时的忧心以及避世怕人知晓的情绪。罗隐的《杏花》"暖气潜催次第春，梅花已谢杏花新。半开半落闲园里，何异荣枯世上人"，以凋落的梅花和盛开的杏花为比对，表达世间兴衰与荣辱的变化无常。唐代高骈的《山亭夏日》"绿树荫浓夏日长，楼台倒影入池塘。水精帘动微风起，满架蔷薇一院香"，用满架的蔷薇花和山亭表达了作者悠闲自在的心境。唐代王维的《积雨辋川庄作》"山中习静观朝槿，松下清斋折露葵"，用松树、木槿和葵表现了诗人隐居山林、脱离尘俗的闲情逸致。唐代李商隐的《赠荷花》"世间花叶不相伦，花入金盆叶作尘。惟有绿荷红菡萏，卷舒开合任天真。此花此叶常相映，翠减红衰愁杀人"，以夏日荷花花叶的相互映衬，表达对荣衰相依的政治伙伴的渴望以及与夫人之间的琴瑟和鸣。宋代叶绍翁的《夜书所见》"萧萧梧叶送寒声，江上秋风动客情。知有儿童挑促织，夜深篱落一灯明"，用秋风中即将飘落的梧桐叶的瑟瑟响声突显孤寂、思念与落寞之感。唐代杜牧的《山行》"远上寒山石径斜，白云深处有人家。停车坐爱枫林晚，霜叶红于二月花"，用秋霜染过的秋叶灿烂体现经历风霜后的美丽，以及秋天堪比春天的热烈与生机勃勃。宋代李清照的《鹧鸪天·桂花》"暗淡轻黄体性柔，情疏迹远只香留。何须浅碧深红色，自是花中第一流。梅定妒，菊应羞，画阑开处冠中秋"，用桂花不以色诱人、追求内在的品格之美，表达对不以炫目光泽和娇媚颜色取悦于人的独特风韵的喜爱，以及对温雅柔和、恬静、忘名远利性格的追求。陈毅的《青松》"大雪压青松，青松挺且直。要知松高洁，待到雪化时"，用冬季雪中松树的坚挺比喻人的坚忍不拔、宁折不弯的刚直与豪迈。宋代张淑芳的《满路花·冬》"罗襟湿未干，又是凄凉雪。欲睡难成寐，音书绝。窗前竹叶，凛凛狂风折。寒衣弱不胜，有甚遥肠，望到春来时节。孤灯独照，字字吟成血。仅梅花知苦，香来接。离愁万种，提起心头切。比霜风更烈。瘦似枯枝，待何人与分说"，用寒风中的竹叶、梅花的暗香和枯枝描述人世间寂寞飘零之感与思念之苦。唐代李白的《冬日归旧山》"未洗染尘缨，归来芳草平。一条藤径绿，万点雪峰晴。 地冷叶先尽，谷寒云不行。嫩篁侵舍密，古树倒江横。 白犬离村吠，苍苔壁上生。穿厨孤雉过，临屋旧猿鸣。 木落禽巢在，篱疏兽路成。拂床苍鼠走，倒箧素鱼惊。 洗砚修良策，敲松拟素贞。此时重一去，去合到三清"，用冬日旧居久无人住后藤占路、竹侵屋、树倒伏的场面表达作者的惋惜之情，借告别隐居读书生活的留恋之情表达自己发愤、振作、实现抱负的理想。

1 桃红又见一年春
2 卷舒开合任天真
3 霜叶红于二月花
4 仅梅花知苦，香来接

| 1 | 2 | 3 |
| 4 |

2.3 杭州植物的自然特征

2.3.1 杭州的气候与植物资源特点

杭州市区中心地理坐标为北纬 30°16′、东经 120°12′。杭州处于东南季风区，为典型的亚热带气候，气候特点是四季分明，冬夏季风交替明显，周年温度适中，光照多，热量较优，雨量丰富，空气湿润。全年日照时数 1900~2000h，平均气温 15.3~17.0℃。年平均降水量 1100~1600mm，年雨日 130~160d，年平均蒸发量 1150~1400mm，年平均相对湿度和月平均相对湿度均在 65%~85%。

根据《杭州植物志》记载，本区有维管束植物 1797 种（含种下类群，下同），其中野生维管束植物 149 科 616 属 1276 种。其中，蕨类植物 22 科 58 属 120 种；裸子植物 8 科 18 属 25 种；被子植物中，双子叶植物 129 科 596 属 1260 种，单子叶植物 25 科 173 属 392 种。浙江省植物种数居全国前列，属于植物资源丰富的省份。[10] 杭州是浙江省内植物资源较为丰富的城市之一。

1　早春开花的猫爪草
2　夏季的绵枣儿
3　秋天的狼尾草
4　寒冬开放的金缕梅

2.3.2 季节划分

季节的划分有很多方法和标准。以气候要素的分布状况为依据的划分方法最早是由张宝堃提出的。他在《中国四季之分配》一文中，提出以候（五天）平均气温低于10℃为冬季，高于22℃为夏季，10~22℃为春、秋过渡季，并划出各地四季的长短。由于10℃以上温度适合大部分农作物生长，一年中维持在10℃以上温度的时间长短对指导农业生产的影响很大，所以这样划分季节对指导农业生产具有很大的意义。

以候平均气温为依据划分四季，每年季节变化的划分点不同且每个季节不等长，不利于描述与理解。故结合杭州的气候特点，本书按节气进行四季划分，即春分（3月20日左右）至夏至（6月21日左右）为春季，夏至到秋分（9月22日左右）为夏季，秋分到冬至（12月22日左右）为秋季，冬至到春分为冬季。

2.3.3 植物的地域特色

植物的生长受到环境的影响，不同的地理环境下适合生长的植物种类差异很大。在城市的形成与发展过程中，受各种文化的影响，人们对植物的喜爱也有一定的偏好。

植物种类的地域差别以及植物文化的地域差别形成了城市独有的植物特征。地域不同，适合栽种的植物种类也不相同，不同的植物形成的植物景观差异很大。例如北方因秋季低温时间长，落叶树种类多，极易营造绚丽的秋色叶景观；南方常绿植物多，秋季时间短，温度高，秋色叶植物景观的营造就很困难。植物种类的地域性差异为不同城市植物景观的营造提供了多种选择，也是形成城市地域性植物景观的根本。杭州四季分明，春、夏、秋、冬都拥有变化而又独特的植物景致。春季百花齐放、绿柳茵茵，夏季浓荫遮蔽、荷香四溢，秋季枫叶流丹、满城桂雨，冬季宁静寂远、暗香浮动。因此，季相变化是杭州植物景观的重要特征。

城市发展中，本土文化深刻影响城市对植物的喜好。例如苏堤在苏轼建堤的初期以柳树和木芙蓉（成都市花）为主，营造春秋两季的植物景观。至明朝杨孟瑛任杭州知府，对西湖进行彻底的疏浚工程，并栽植柳树。之后，"嘉靖十二年，县令王钺令犯人小罪可宥者，得杂植桃柳为赎，自是红翠烂盈，灿如锦带"。这是有史料记载的苏堤成规模栽种桃花的开始。桃花在苏堤的衰与盛，和桃花的审美地位在宋代有所降低、在明代复兴是分不开的。杭州的冬梅、春桃、夏荷、秋桂四季特色植物，皆与历朝历代的文化、发展相关。这些植物在杭州形成了具有地域特色的植物景观，形成其他城市难以复制的西湖典型植物景观。

植物的生长状态和土壤、温度、光照、湿度等环境条件有很大的关系，植物的开花机制亦与这些环境因子直接关联。相同的植物在不同环境条件下的生长势及物候会

花港观鱼春景

曲院风荷夏景

太子湾秋景

杭州植物园冬景

有极大的不同，其观赏期与观赏价值亦有很大差异。因小环境不同，花期、色叶期的差异在同一个城市甚至可以达到半个月至一个月。植物配置离不开植物的季相变化，所以本书中所涉及的植物观赏期与观赏效果等都是基于杭州常规季相下的植物观赏期与观赏效果。

2.3.4 杭州春季植物概况

春季是一个充满鸟语花香的季节。当温度慢慢回升，寂静的世界开始萌动，不起眼的小花绽放，清晨蓦然被鸟儿清脆的呼喊声惊醒……在那样一个时刻，一点点的嫩绿都能撩动你的心，更何况是一朵朵娇艳的小花。3月，各种小花小草都从地里冒出来，干枯的树枝逐渐饱满滋润，露出各种颜色的芽头。慢慢的，白色、粉色、蓝色等各种颜色的花儿充斥树林，跳跃在枝头、草地，令人目不暇接。

春天少不了追花，杭州的春季就在各种花儿的堆叠开放之中闪过。3月中旬至6月中旬，美人梅、迎春樱桃、华中樱桃、玉兰、山茱萸、紫叶李、大叶早樱、李叶绣线菊、金钟花、豆梨、桃、皱皮木瓜、日本木瓜、紫荆、东京樱花、山樱花、垂丝海棠、野迎春、溪畔杜鹃、日本晚樱、红花檵木、棣棠、满山红、三裂海棠、白鹃梅、绣球荚蒾、碧桃、木瓜、紫藤、杜鹃、马银花、粉团、菱叶绣线菊、木香、黄菖蒲、粉团蔷薇、锦带花、溲疏、绣球、山梅花、萱草、美人蕉、紫萼依次开放。直至6月中下旬，睡莲星星点点出现在池塘、荷花含苞待放之时，杭州的春季才完整度过。

杭州春季赏花大致可以分为3月中旬至4月中旬、4月中旬至5月中下旬、5月中下旬至6月中旬三个阶段。3月中旬至4月中旬，开花植物最多：猫爪草、紫花地丁、刻叶紫堇、地锦苗、紫云英、活血丹等野花野草相继开出萌萌的小花；马醉木、密蒙花、毛叶木瓜、胡颓子、日本木瓜、皱皮木瓜等灌木的花儿灼灼开放；继而桃花、白鹃梅、李叶绣线菊、珍珠绣线菊、大叶早樱、东京樱花、垂丝海棠、紫荆、杜鹃、满山红、锦绣杜鹃、蝴蝶花、紫藤等各种花儿争相开放。杭州步入最热闹的季节。4月中下旬，温度渐渐升高，绣球科、蔷薇属、荚蒾属的植物陆续开放。花儿的颜色以白色、蓝色和玫瑰色为主，溲疏、绣球荚蒾、绣球、山梅花等白色或蓝色的花儿显得格外清雅，而各色月季、蔷薇的盛开将春季赏花推向了另一个高潮。5月中下旬，各种木本植物的花儿越来越少，萱草、美人蕉、紫萼等宿根草本植物进入盛花期。至此，公园中可赏的花儿越来越少，各种植物依次长到了该有的模样，静静地等候季节的变化。

猫爪草又名小毛茛，是一种低矮的宿根草本植物，它的肉质块根是一味中草药。而其星星点点黄色的小花总是在老鸦瓣盛开之后不经意地开放，密集地开在路边，为春天增加一份明亮的颜色，是那样柔弱而又坚毅。

紫堇属的植物种类很多，有刻叶紫堇、地锦苗、紫堇等。它们大多是多年生草本植物，喜欢在稀疏的林下生长。每年冬季，各类紫堇总是长出整齐的叶片，看上去像铺在落叶之上的一层薄薄的绒毯，呵护着大地，透露着生命的力量。3月至4月初，蓝紫色的花葶升出叶片，树林下成为一片花的海洋，有蓝色、紫色、白色、紫红色……各种不同的紫堇用各异的颜色渲染着单调了一个冬季的地面。

毛叶木瓜又名木桃，是蔷薇科木瓜海棠属的落叶灌木，花朵盛开的时间总是早于同属的皱皮木瓜（又名贴梗海棠）和日本木瓜（又名日本海棠）。粉中带红的花瓣在直立的枝干上显得特别娇嫩。

白鹃梅是杭州广布的物种。早春李叶绣线菊盛开的同时，白鹃梅洁白飘逸的花朵在浅绿色的叶片上飞舞，格外清新超然。这样的白色让西湖的春天不仅仅有灿烂和热闹，更有幽深和安宁。

樱花是许多人喜欢的植物，樱属中除了东京樱花以外，杭州还有很多非常有特点的樱花资源。迎春樱桃在杭州有自然分布，花单瓣，粉红色，花期在梅花之后、玉兰之前（3月中旬），是杭州开花最早的樱花种类之一。大叶早樱的花期在迎春樱桃之后，花单瓣，淡粉色，树形高大挺直，是杭州体量最大的樱花资源之一。华中樱桃的花期在迎春樱桃和大叶早樱之间，花单瓣，紫红色，开花之时常常吸引鸟儿吸食花蜜。山樱花的花期和东京樱花接近，花色更为洁白，花芯位置略带浅绿色，整体上较东京樱花更为清雅，亦是很好的樱花资源。

马银花是杜鹃花属的常绿灌木，高2~4m，花粉紫色，花期大约为4月中旬，非常适合配置在落叶树林缘。

蝟实是在杭州应用较少的观赏花木，花极为美丽。落叶丛生灌木，花粉色至紫红色，钟状花密集

2017年3月11日的刻叶紫堇

2011年4月13日的白鹃梅

2018年3月18日的玉兰

2018年4月28日的马银花

地开放在枝条，是优秀的 4—5 月观赏花灌木。

杭州的春季温度回升很快，劳动节期间可以飙升至 30℃以上。绣球科的溲疏属和山梅花属植物在这个时候盛开白色花朵，在闷热的天气下给人清凉爽快的感觉，是这个时期极佳的观花植物。溲疏属植物为落叶丛生灌木，高 1~3m，耐半阴，花色洁白，花量繁多，适合在林缘、园路转角、建筑边种植。小溲疏植物矮小，可伏地生长，盛花时似白色的雪球覆盖地面，极为素雅。黄山溲疏花序圆锥状，冬季丛生枝干黄褐色，是冬春两季可赏的植物。山梅花属植物树形略大于溲疏属植物，花期略晚于溲疏属，花色洁白，主要有绢毛山梅花、山梅花、浙江山梅花等，若与小溲疏搭配，不仅可以在体量上形成过渡，而且能延长观赏期。

2017 年 5 月 12 日的溲疏

2017 年 5 月 12 日的绢毛山梅花

蔷薇属拥有众多的著名观赏植物，亦有很多尚未开发的春季观赏物种。硕苞蔷薇为铺散常绿灌木，花白色，直径 5~7cm，花期在劳动节之后。花瓣先端凹，单张花瓣似心形，极有趣味性。单瓣缫丝花为丛生半常绿灌木，花粉红色至紫红色，观赏价值高。

七叶树，落叶大乔木，高可达 25m，在整个 5 月都有可能看到白色的花序似烛台状

2017 年 5 月 12 日的缫丝花

立在掌状复叶形成的"托盘"之上，是难得的观花大乔木。

臭牡丹，落叶灌木，5 月开花，叶色浓绿，顶生紧密头状红花，花期长，是极佳的林下、林缘的地被植物。由于萌蘖生长密集，可为护坡固土用。

至 5 月中下旬，杭州的气温越来越高，木本观花植物越来越少。夏蜡梅是这个季节少有的耐阴观赏花木，适合配置在疏林下。夏蜡梅，落叶灌木，高 1~3m；花粉色至白色，直径 4~7cm，极为雅致。

春季也是一个赏叶的季节。经过一个冬天的孕育，枝条上的芽慢慢饱满，逐渐舒展，新叶泛着孩童般的颜色。叶子在每一株植物上展示着春天的魅力。这样的生命体验，是当下的、直觉的。各种各样的绿随着温度的升高在泥土色的枝条上冒出。鸡爪槭的嫩绿为其增添了清新的气息，垂柳的嫩使婀娜的枝条更惹人怜，水杉的翠绿为挺拔的身姿增添了柔美，浙江楠的新叶如绿色的花朵绽放在枝头……

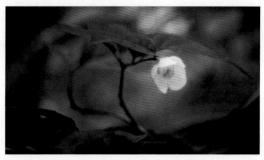

2017 年 5 月 15 日的夏蜡梅

2011 年 4 月 19 日的水杉新叶

2008 年 4 月 9 日的牡丹亭园区

香樟是杭州的市树，其饱满、宽广的树形与杭州包容、大气的城市形象极为契合。春季香樟新叶拥有各种不同的嫩黄与红褐色，这些丰富的叶色变化亦与杭州的秀美与多元化相契合。香樟以其丰富的叶色变化，成为杭州植物景观极为重要的观赏与配置对象。

槭树科的植物在秋季有着绚丽的色彩，在春天依然有着美丽的容颜。3 月中下旬，槭树科植物潇洒的枝干上，无论是鸡爪槭的翠绿还是红枫的鲜红点缀其中，都显得格外娇艳。在众多花儿绽放之时，那一片片的新叶带来更多生命的体验。

垂柳婀娜多姿，与西湖的秀美极为协调。春天桃花开的时候，柳树新芽慢慢长大，嫩绿的颜色既柔弱又充满了生命力，将柔美演绎到极致。

水杉挺拔洒脱，春天纤细的新叶给积极向上的身姿增添了秀丽，阐述着植物多面的性格。

植物不同的外形在人类眼中具有不同的品性。杭州这样一个包容、大气、秀丽、潇洒的城市，在春天被这些植物完美演绎。杭州不仅有樱花、桃花、海棠、杜鹃、牡丹等美丽花卉装点着城市，还有香樟、水杉、垂柳、鸡爪槭等气质乔木讲述着杭州的历史与性格。

2.3.5 杭州夏季植物概况

6月中旬至9月中旬，是杭州最为炎热的时节。在这样的夏季，依旧有着许多美丽的花儿绽放，主要有荷花玉兰、木荷、石榴、六月雪、合欢、粉花绣线菊、大花六道木、夹竹桃、木槿、紫薇、厚萼凌霄、睡莲属、荷花、萍蓬草、荇菜、水罂粟、大花萱草、姜花、水鬼蕉、美人蕉、杜若、石蒜属、阔叶山麦冬、麦冬类、射干、蜀葵、假龙头花、韭莲、葱莲、瞿麦、雄黄兰等植物。这些夏季观花植物，主要分为木本、水生和草本植物几大类。

2017 年 6 月 26 日的雄黄兰　　　　　　　　　　　　　2017 年 6 月 26 日的杜若

夏季木本观花植物种类不多，但大部分物种的花期长。合欢，观花大乔木，花粉色，每年6月初和8月中下旬两次开花，每次皆有1个月左右的观赏期。木槿，落叶灌木，品种繁多，花紫色、粉色、白色，于每年6月中旬至9月中旬开花。厚萼凌霄，木质藤本，6月中下旬至9月上旬开花，是难得的在盛夏开花的藤本植物。紫薇，落叶小乔木，俗称百日红，每年7月至9月开花。

1　2015 年 6 月 16 日的木槿
2　2017 年 7 月 25 日的厚萼凌霄

对于杭州而言，水生植物是夏季非常重要的观赏植物，对西湖植物景观的营造起到了至关重要的作用。大部分水生植物的萌动较木本植物晚，夏季是许多水生植物的观赏季节。荷花、睡莲都是园林中应用较多的传统的水生植物，品种多，花期长，可在大水面中作为主要观赏植物配置。萍蓬草、荇菜在夏季开黄色花，植株体量较荷花、睡莲小，适合应用在小水面中。

多年生球宿根草本植物，亦是夏季主要的景观植物。蜀葵是传统的草本花卉，植株高 1~2m，花大色艳，6 月中下旬开花，花期长，适合在墙角、篱笆边或花境中应用。大花萱草是栽培历史悠久的多年生草本花卉，因耐阴而常种植在母亲居住的堂前，又名无忧花、母亲花。大花萱草品种繁多，耐半阴，特别适合配置在林缘、疏林下，是优秀的夏季观赏花卉。射干的根、茎有药用价值，常作药物栽培；叶剑形，嵌迭状排列；花橙红色，极为艳丽，极具观赏价值，花期 6—8 月，是优秀的夏季观赏植物。雄黄兰是原产于南非的多年生花卉，仲夏开花不断，亦是优秀的夏季观赏地被。

石蒜因夏季开花，秋、冬季长叶，花叶永不相见而被称为彼岸花。中国自然分布的石蒜属植物大约有十多种，单种石蒜的群体花期大约为 15 天。杭州园林绿地中应用最多的是石蒜和忽地笑。石蒜开红色花，7 月下旬至 8 月中下旬开花，10 月中下旬长叶。忽地笑花黄色，8 月中下旬开花，10 月中下旬长叶。除了这两种常用的石蒜属植物外，中国石蒜、长筒石蒜、换锦花、稻草石蒜等亦是观赏价值很高的物种。中国石蒜花黄色，大约 7 月初开花，2 月初长叶。长筒石蒜花乳白色，大约 7 月初开花，2 月初长叶。换锦花开紫红色花，7 月下旬或 8 月初开花，2 月初长叶。稻草石蒜花淡黄色，7 月中下旬开花，10 月中下旬长叶。石蒜除了原种以外，还有许多花色艳丽的杂交种，亦是在夏季为园林绿地增添色彩的好材料。

2012 年 8 月 17 日的忽地笑

2012 年 8 月 17 日的换锦花

2.3.6 杭州秋季植物概况

杭州秋天的气温是在冷空气一次次南下中逐渐降低的；植物则在温度的降低中慢慢改变叶色并不断地落叶，直至强冷空气下的秋风将树叶吹尽。如果冷空气来临的时间不恰当，那一年杭州就会和秋色擦肩而过。所以杭州秋色的效果以及观赏期会因为温度下降情况的不同而产生很大的差异。秋色叶植物在飘落之前才能最绚丽，风对最后的亮丽产生不可忽视的作用，因此避风且有大温差的小环境总是可以让秋叶绚丽的时间更长一些。

杭州的秋季根据植物的季相大致可分为两个阶段。第一阶段为 9 月下旬至 10 月底，经历了酷暑的植物在舒适的温度中恢复生长；第二阶段为 11 月初至 12 月中下旬，温度降低，植物的生长逐渐衰退，落叶树开始变色与落叶。在第一阶段，秋季的主要观赏植物是观花植物。秋季观花植物种类不多，木本植物主要有桂花、木芙蓉、木槿、全缘叶栾树、月季、大花六道木等。其中，木槿从夏天开始开花，一直可以持续到 9 月底至 10 月初。桂花因品种不同，花期从 8 月底至 10 月初皆有。木芙蓉的花期从 9 月下旬至 11 月上旬。全缘叶栾树的观赏期自 8 月底至 10 月底。月季根据品种不同，花期从 9 月至 11 月均有。大部分秋季木本观花植物的观赏期长，这也弥补了秋季第一个阶段观赏植物种类少的缺憾。秋季草本观花植物以禾本科和菊科植物为主，这两个科的植物外部特征明显，与春季观花植物相比明显不同，是营造秋季植物景观极佳的植物材料。禾本科的各种观赏草自 8 月开始陆续抽穗开花，在 9—12 月展现出最

水边的小鸡爪槭

2012 年 9 月 13 日的全缘叶栾树

2011 年 12 月 10 日的荻

美丽的状态，营造出别样的秋的韵味。大部分的观赏草有很长的挂穗时间，甚至可以经冬不落，是秋、冬季极佳的渲染氛围的植物材料。

每年 10 月下旬，杭州的气温开始逐渐降低。11 月初至 12 月中下旬，大部分落叶植物开始慢慢变色、落叶，进入杭州秋季的第二阶段。这也是日常所说的赏秋叶的季节。落叶植物根据秋季叶色的变化，可以分为色叶植物（颜色明亮或鲜艳、观赏价值高）与非色叶植物（颜色灰暗或枯黄、观赏价值低）两大类。色叶植物又可以分为边落叶边变色植物、先变色后落叶植物两大类。秋季植物的变色期根据温度变化的具体情况每年都有差异，小环境对其秋季观赏期及观赏效果亦有很大的影响。秋季变色较早的乔木主要有东京樱花、银杏、乌桕、梧桐、鹅掌楸、七叶树、四照花等。这些植物在 10 月开始变色或落叶，最佳观赏期为 11 月中下旬。大部分秋色叶植物，如卫矛、三角槭、榔榆、榉树、小鸡爪槭、朴树、珊瑚朴、枫香、落羽杉、水杉、池杉、无患子、蜡梅等在 11 月中下旬开始变色和落叶，最佳观赏期为 12 月初至 12 月中下旬。还有一部分植物可以列入半常绿范畴，变色后部分叶片保持至翌年 2—3 月，主要有水松、垂柳等。

2007 年 11 月 30 日的枫香

2010 年 12 月 9 日的无患子

在杭州，每种秋色叶植物的特异性都很强，在树形、叶色、变色期、最佳观赏期、植株间的个体差异等方面都有着各自的特点。

银杏雌雄异株，树形宝塔状，叶色亮黄。10月开始变色与落叶，11月中旬达到最佳观赏期，植株间叶色的个体差异小，落叶期的个体差异大。

乌桕是体量不大、树姿优美且具有中国画韵味的乔木，秋色叶为鲜艳的黄、红色，同一植株上叶色丰富。秋季变色时间早，最佳观赏期为11月中旬至下旬。个体差异主要体现在变色时间和色相上。

2014年11月21日的乌桕

杂交鹅掌楸树形高大，秋叶黄色明亮。秋季变色期较早，11月初开始变色，至11月中下旬或12月初达到最佳观赏期。叶色的个体差异较小，但是变色期和落叶期的个体差异大。

杭州常用的槭属植物主要有小鸡爪槭、鸡爪槭、红枫和羽毛槭。其中，小鸡爪槭是鸡爪槭的变种，两者树形、叶形极为相似。小鸡爪槭的叶片较小，长4~6cm，常深7裂。槭属植物树形舒展、潇洒，叶色明快，是极具风姿的秋叶树种。秋色叶的颜色属红、黄色系列，同一株植株的叶色比较接近，不同植株间的叶色差异大。11月中旬开始变色，12月上中旬为最佳观赏期，个体的观赏期为1~2周。

无患子树形伞状，秋色叶亮黄。秋季变色时间晚，最佳观赏期为12月中旬至下旬。无患子叶色的个体差异较小，变色期、落叶期的差异相对大一些。

枫香树形高大，枝干直立，成年后树冠呈宽卵圆状。秋叶色为红、黄色系列，不同植株上秋色叶颜色差异大，色彩的鲜艳程度差异也大。11月上中旬开始缓慢落叶与变色，至12月中下旬达到最佳观赏效果。在相同环境下，不同植株之间的叶色、鲜亮程度、落叶期、变色期都有很大差异。

2016年12月10日的小鸡爪槭

落羽杉、水杉、池杉和水松都是塔状树形的裸子植物，秋色叶为棕褐色。四种植物树形相似，秋叶颜色接近但有差异，变色期和最佳观赏期亦有差异。自11月上旬开始，这些植物的叶色慢慢发生变化。水杉最佳观赏期为12月上中旬；落羽杉的最佳观赏期为11月下旬至12月上旬；池杉的最佳观赏期为12月中旬至下旬。水松为半常绿植物，叶从老叶（树枝基部叶）开始变色，逐渐影响上部叶色，呈现从黄褐色至绿色的过渡，至1月下旬其他植物叶片全部落完之时，水松依旧保留大部分的叶，但叶色逐渐转换为明度较低的黄绿色，直至3月叶色转变为正常的绿色。

二球悬铃木树形高大，不仅是极佳的行道树，还是优秀的庭阴植物，秋叶黄褐色。11月中旬左右开始变色，

2011年12月2日的二球悬铃木

11月底开始落叶，至2月中旬，树梢依旧有10%~20%的叶片。落叶延续时间长，不同植株间叶色差异小，落叶时间有差异。

垂柳半常绿，树形婀娜，秋叶黄色明快，挂叶时间长，落叶期很短。11月底开始变色并逐渐落叶，至翌年1月底至2月初叶片全部落完后即开始新芽生长。

冬季的色彩归于宁静和平远

2.3.7 杭州冬季植物概况

"你看那孤云舒卷，轻烟缥缈，荡得青山浮沉，古亭影乱，这不正是一个喧闹的世界！

彻骨的寒冷，逼人的死寂，原来藏有一个温热的生命天地。"[43] 中国传统艺术追崇 "冷寂之美"。这种冷寂之美恰恰是对真实生命的追求，对人的生命价值的关注。在这样一个特殊的季节，可以更好地展现中国传统艺术的魅力。淡雅的色彩归于宁静和平远，幽

香被赋予了高贵的灵魂，空在此时的山水之间度心。而不期而遇的雪，更是在致黑致白的极简中展示着江南的韵味。

杭州的冬季根据植物的季相大致可以分为两个阶段。第一个阶段为12月下旬至春节，部分植物还拥有特殊的秋色叶植物景观，直至春节后落叶树的叶片完全凋落。在这个阶段，小鸡爪槭、无患子、池杉、水杉、二球悬铃木、垂柳等植物的秋叶在一次次的冷空气中慢慢凋落，山茶、茶梅、蜡梅、金缕梅各个品种的花儿逐渐盛开，直至衰败。春节过后至3月中旬是第二个阶段，许多植物，如梅花、檫木、老鸦瓣、马醉木等在立春之后慢慢萌动、绽放，直至盛开，展现出一缕初春的气息。

3月过后，水仙、玉兰等开始迎接春天的到来。

每年12月至翌年1月蜡梅盛开　　　　　　　　立春过后老鸦瓣陆续开放

园林中常用的冬季开花植物种类不多且大多为传统花木。其因傲霜开放被赋予了坚强、孤傲、高洁等寓意。蜡梅、茶梅、山茶、单体红山茶是整个冬季都在开花的植物，品种多，花期长，单个品种花期可达1个月。其中，不同品种的蜡梅花期从11月至翌年3月，不同品种的茶梅花期从10月至翌年3月，不同品种的山茶花期从12月至翌年4月。梅花亦是冬季常用的花木，不同品种花期为每年1月中下旬至3月中下旬。

杭州有着许多优秀的冬季观花植物资源。立春前后，一些较早萌动的植物开始进入开花阶段。郁香忍冬、金缕梅、老鸦瓣、光亮山矾、檫木、马醉木、倒卵叶瑞香、毛瑞香等植物在1月底至2月初陆续开花，直至3月初，和梅花的花期比较接近；紧接着，山茱萸、结香、迎春樱桃、诸葛菜、毛叶木瓜、紫叶李等植物相继开花，直至3月中下旬。金缕梅花色亮黄，从1月底至2月初始花，有一个多月的花期。马醉木的花朵形似铃铛，花蕾阶段亦有较好的观赏价值，观赏期与金缕梅接近。老鸦瓣花期长，往往在春节前始花，盛花期直至3月初，是非常好的冬季观赏地被植物材料。檫木黄色的花序在春节后

每年 12 月至翌年 1 月盛开的光亮山矾

2004 年 2 月 27 日的郁香忍冬 2009 年 3 月 7 日的马醉木

2017 年 3 月 7 日的迎春樱桃 2014 年 3 月 16 日的紫叶李

开放，亮黄色的花瓣在冬季的山林中格外醒目，其秋季叶色红艳，变色早，亦是极佳的秋季赏叶乔木。迎春樱桃花色粉红，2 月底至 3 月初始花，花期 2 周左右，比东京樱花早，与玉兰接近。紫叶李在 3 月初始花，开花初期新叶尚未萌发展叶，淡粉色的单瓣花朵在深黑色的枝干上盛开，带有樱花的气质，花期 3~4 周。毛叶木瓜是直立丛生的灌木，成年高度为 1.2~1.5m，3 月初至 3 月中旬始花，盛花期大致为 3 周。

在冬季，除了花，紫金牛属、紫珠属、石楠属、冬青属中的许多植物果实经冬不落，不仅为鸟类提供了必要的食物，而且带来了生命的感动。

杭州的冬季还有一丝秋的影子。水杉、池杉的焦糖色叶经常在第二年逐渐凋落，一些避风的小环境中部分叶片甚至能保留到春节前后。二球悬铃木的许多黄褐色叶片亦是经冬挂在树梢上，在暖暖的冬季阳光下闪着光芒。垂柳黄绿色的叶零星点缀在湖边，直

至枝头的芽逐渐饱满后悄悄落下。这些在西湖边常见的植物让西湖的冬有了片片秋韵。

冬季最诱人的还是那落完了叶的枝，或灵巧或挺拔或洒脱，朦胧地在空旷的田野中描绘着山水之意，在空灵冷寂中感知生命。乌桕的苍劲秀美点缀着山水；无患子的简洁有力撑破天际；水杉的挺拔身姿诉说着山的柔情；垂柳的柔软坚韧描绘着灿烂；南川柳的粗犷苍劲衬托着水的包容：脱下外衣的树展现着生命的另一面，感动着过往的一切。

雪在杭州是最有诱惑力的。大地归于平静之后，水在一片洁白中穿梭，或有一片片的灰，或有一团团的白，或有盘绕的黑，美丽的线条在白与灰中勾勒出属于江南的素雅与纯净。空间被重新塑造，干净的世界里枝干在画面中格外醒目。而猛然之间的一抹红，或许是一片尚未凋落的叶子，或许是一朵独自绽放的花朵，似提醒着我们冬季正在孕育闪耀的生命。

雪后归于宁静的西湖是最具吸引力的

水杉林秋色

第 3 章 杭州四季植物景观设计案例分析

3.1 风景区公园案例及其分析

西湖十景是最具有代表性的杭州风景园林。如下表所示，选择西湖十景中以植物景观为主要观赏对象的断桥残雪（白堤）、平湖秋月、曲院风荷、花港观鱼、苏堤春晓、三潭印月六个景点中典型的植物配置案例，以及新建公园景点中的杭州植物园、太子湾公园内的经典案例，作为西湖风景区的典型案例进行分析。花港观鱼、曲院风荷和杭州植物园公园面积大，植物配置极具特色，分别选择 2~3 个案例。

西湖风景区案例的基本情况		
编号	地点	植物景观特点
断桥残雪	白堤断桥至锦带桥	间桃间柳的配置，与环境的融合性好
花港观鱼 –1	花港观鱼藏山阁草坪	春季观赏期长，观赏效果好，空间布局佳
花港观鱼 –2	花港观鱼红鱼池松岛	松与小鸡爪槭的配置季相变化与立面层次丰富
花港观鱼 –3	花港观鱼南入口草坪	树丛与草坪之间的林缘线蜿蜒如池水，平面布局佳
平湖秋月	平湖秋月	柳、桃、小鸡爪槭形成丰富的季相变化
曲院风荷 –1	曲院风荷玉带桥	树丛的天际线与远山、建筑融为一体，意境佳
曲院风荷 –2	曲院风荷松岛	应用大乔木组景，空间、立面与色彩的搭配独具魅力
苏堤春晓	苏堤春晓跨虹桥	植物与远山、桥体、水面形成丰富的空间层次
太子湾	太子湾逍遥坡	空间处理极佳，简单的植物搭配营造出丰富优美的景观
杭州植物园 –1	杭州植物园春深亭	相近植物配置，形成和谐又富有变化的植物景观
杭州植物园 –2	杭州植物园山水园	山水相融，重在空间、立面、形态质感的变化

春

夏

秋

冬

▉ 断桥残雪

断桥残雪是西湖十景之一，位于白堤东段。白堤旧名白沙堤，是连通孤山和湖岸的惟一通道。堤面宽 33m，中部沥青道路宽9m，沿湖两侧有石板步行道，石板道与沥青道之间均为绿化。

白堤以西湖群山为背景，分隔北里湖和西湖，间桃间柳的植物配置方式将自然山水收入白堤内，同时将白堤的植物融入自然山水之间。案例位于断桥与锦带桥之间，沥青路两侧配置垂柳，水岸边配置桃花。

色彩与季相：主要展现春季和夏季的观赏效果。春季星星点点的桃花在空蒙的山水中展现生命的璀璨，夏季碧绿的叶与蓝绿色的山水营造水天一色的景致，秋、冬季在浅蓝色湖水衬托下的桃柳枝干呈现平静和安宁。

形态与质感：突出垂柳与桃的形态变化。垂柳下垂枝条的柔美与桃花的艳丽相辅相成。

立面层次：利用垂柳和桃的高度差异。桃的自然高度在垂柳的 1/3~1/2 处，利用湖水的倒影强化桃柳的立面、形态与色彩的变化。有规律的林冠线如锦带将西湖山水连为一体。

平面布局：桃与柳舒朗的带状配置方式联系西湖内外湖的景致，空间隔而不断。重复的配置方式具有节奏感，整体简洁明快。外低内高的植物，既满足遮阴的需要，又能通过倒影强调桃花的灿烂，还形成空间与立面的变化。

与环境的和谐性：依靠色彩、形态、空间与西湖山水的融合来实现。长堤和植物将湖面分成两个互相交融的水面，增加湖面的色彩，丰富空间形态，与西湖山水完美融合。

整体而言，案例的植物配置简洁大气，与环境的融合性佳。湖水以群山为背景，山、水、植物共同形成黑、白、灰三个空间层次，桃花起到画龙点睛的作用，展现独特的清新与雅致。

苗木表								
植物种类	科名	属名	数量/株	生活型	常绿/落叶	胸径或地径/cm	冠幅/m	高度/m
垂柳	杨柳科	柳属	17	乔木	落叶	30.6~39.6	8.0~11.4	8.6~13.5
碧桃	蔷薇科	桃属	18	小乔木	落叶	8.0~32.4	3.3~7.4	2.5~4.7

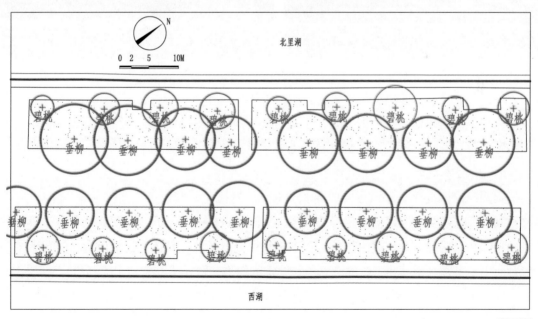

平面图

■ 花港观鱼 –1

花港观鱼是西湖十景之一，在苏堤映波桥西的小南湖与西里湖间。现在的花港观鱼公园是 1952 年动工，1955 年底完成第一期工程，1964 年完成第二期扩建工程，经过 50 多年的不断努力，形成现在的占地 21.3hm²，花似海、港如网、人喜鱼跃心欢畅的现代公园。[11]

花港观鱼 1 号案例位于雪松大草坪区，是藏山阁草坪的植物配置。草坪的东、西两侧，以雪松树丛分隔空间，将游人的视线引导至中心。以藏山阁为中心配置的玉兰、樱花树丛是草坪的观赏主体。

春　夏

色彩与季相：以春季观赏为主，兼顾四季变化。春季从早春的玉兰、二乔玉兰、东京樱花、李叶绣线菊，到小鸡爪槭、红枫的新叶，观赏期从 3 月一直到 4 月底。季相变化主要是利用空间位置及观赏部位的变化来营造。如春季观树丛北部的花，秋季观草坪南缘的叶，冬季观树丛整体的质感与空间。

案例色彩的变化与和谐主要依靠明暗对比、对比色、邻近色、同色系等方法实现。春季利用荷花玉兰的深绿色及草坪的绿色，突出东京樱花及二乔玉兰明亮的花色；夏季利用整体和谐的绿色系，突出红色的花卉；秋季无患子的亮黄色，在绿色树丛的背景中脱颖而出；冬季利用荷花玉兰的浓绿色和厚实的树形，衬托落叶树枝干的轻盈。

案例色彩与季相的和谐还得益于植物配置中巧妙的空间与质感的变化。利用几株荷花玉兰，草坪被分隔成大、小两个空间。二乔玉兰、东京樱花与荷花玉兰形成虚实变化以及色相、明度的对比，也使得整体色彩更加明快。而冬季的植物景观，完全是依靠植物和谐有序的质感变化来营造的。

　　形态与质感：形态与质感的变化和协调主要依靠几株高大的荷花玉兰实现。荷花玉兰树形规整、密实、色彩厚重，与东京樱花的飘逸有着极大的反差。二乔玉兰的树形与荷花玉兰相似，紫红的花色与东京樱花协调。因此，二乔玉兰成为极好的过渡形态，与东京樱花和荷花玉兰形成质感的变化与和谐。

　　立面层次：以乔木为主，结合中低层植物的李叶绣线菊与草花花境，形成主体突出、陪体和谐的立面层次。立面不仅有林冠线的变化，还有虚实变化。

秋　冬

　　平面布局：平面布局疏密有致、开合有度。林缘线清晰，以中心树丛和荷花玉兰将草坪分为大、小两个空间。大空间以南面主园路为主观赏面、藏山阁为中心进行配置，小空间以北面次园路为主观赏面、东京樱花为观赏主体。两个空间依靠几株荷花玉兰达到有分有合及空间的渗透。

　　与环境的和谐性：案例位于公园大草坪区的东面。草坪的东侧是公园东入口的对景，配置了雪松、小鸡爪槭树丛，形成对景与障景；草坪的西侧与雪松大草坪相接，它们之间应用雪松树丛，既形成空间的分隔，又相互呼应。整体而言，藏山阁草坪全面地根据空间与环境的利弊进行植物配置，与环境的和谐性好。

　　可借鉴之处：一是利用植物不同的明度，突出主体。二是不同季节的主观赏植物分布在不同的空间部位。三是应用体量大、质感厚重的荷花玉兰组织空间，在各个季节都能衬托出其他植物的观赏效果。

苗木表								
植物种类	科名	属名	数量 / 株	生活型	常绿 / 落叶	胸径或地径 /cm	冠幅 /m	高度 /m
荷花玉兰	木兰科	北美木兰属	7	乔木	常绿	42.0~52.5	10.8~13.1	12.8~17.0
二乔玉兰	木兰科	玉兰属	6	乔木	落叶	23.0~38.0	7.0~11.5	7.5~15.0
南酸枣	漆树科	南酸枣属	1	乔木	落叶	66.2	15.4	25.9
柞木	杨柳科	柞木属	1	乔木	常绿	28.3	7.0	6.5
小鸡爪槭	无患子科	槭属	5	小乔木	落叶	15.6~24.5	5.2~7.1	4.9~6.7
东京樱花	蔷薇科	樱属	15	小乔木	落叶	18.3~24.8	5.4	6.3
紫薇	千屈菜科	紫薇属	–	小乔木	落叶	–	3.0	5.0
日本五针松	松科	松属	1	小乔木	常绿		4.0	2.0
西府海棠	蔷薇科	苹果属	2	小乔木	落叶	–	2.7	3.2
桂花	木犀科	木犀属	2	灌木	常绿	–	8.2	7.7
枸骨	冬青科	冬青属	2	灌木	常绿	–	2.7	1.8
山茶	茶科	山茶属	1	灌木	常绿	–	3.5	3.2
竹	禾本科	–	31.7m²	草本	常绿	–	–	9.8
吉祥草	天门冬科	吉祥草属	130.8m²	草本	常绿	–	–	0.4
无刺枸骨	冬青科	冬青属	1	灌木	常绿		3.8	5.1
珊瑚朴	大麻科	朴属	3	乔木	落叶	–	8.5~13.5	9.3~14.8
无患子	无患子科	无患子属	3	乔木	落叶		9.1~12.3	12.1~13.5
桂花	木犀科	木犀属	383.5m²	灌木	常绿		–	5.6
花境	–	–	253.1m²	草本	–	–	–	0.4

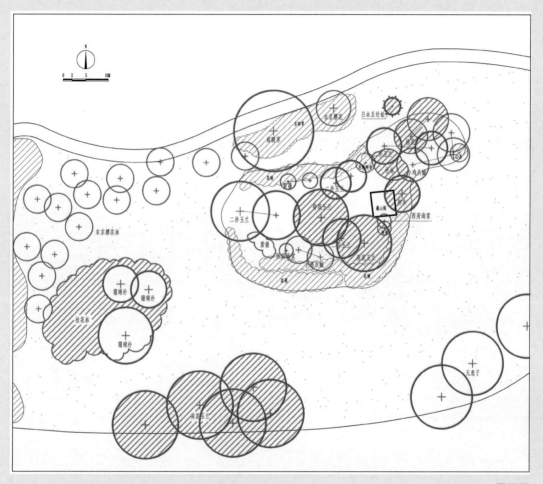

平面图

第3章 · 杭州四季植物景观设计案例分析　041

■ **花港观鱼 –2**

花港观鱼 2 号案例是红鱼池中心岛西北角的植物配置，由黑松、日本五针松、小鸡爪槭、紫叶李、荷花玉兰等植物组成错落有致的树丛。树丛处于水岸线突出部位，不仅形成水体的收放，而且成为视觉关注的焦点，是与水岸线结合紧密、多角度观赏、注重立面层次、形态与质感变化的典型案例。

色彩与季相：案例的季相变化得益于主景植物小鸡爪槭的季相变化以及每个季节观赏植物的变化。早春紫叶李开花之时，小鸡爪槭新叶尚未展开，嫩绿色的垂柳以及树丛前粉红色的花利用明度的变化突出深黑色的黑松，观赏主体是黑松与紫叶李；夏季黑松、小鸡爪槭与紫叶李形成色彩与姿态上的变化，观赏主体是黑松、小鸡爪槭与紫叶李；秋

夏

季红色的小鸡爪槭是视觉焦点，观赏主体是小鸡爪槭与黑松；冬季黑松以及荷花玉兰在落叶树的衬托下，形成质感与姿态的变化，观赏主体是黑松与荷花玉兰。案例的季相变化特点是，每个季节不同植物两两组合，形成不同的关注点，令四种植物配置出了丰富的变化。

案例的色彩搭配均以背景色衬托主体色彩为主要方法。春季以垂柳的亮黄色衬托黑松的深绿色，夏季以绿色系衬托紫叶李的暗红色，秋季以绿色背景衬托红色的小鸡爪槭，

冬季以褐色背景衬托黑松与荷花玉兰的绿色。

形态与质感：依靠主景树之间的形态差异、落叶树的季相变化以及与背景植物垂柳的树形差异。主景树小鸡爪槭片层状的树形与苍翠的黑松、卵圆形的紫叶李形成树丛的形态与质感的变化。

立面层次：利用主景植物的高度以及树形的差异形成立面层次的变化。黑松向上生长；小鸡爪槭俯向水面生长，且高度仅为黑松的一半左右。主景树丛配置内高外低；水岸边的植物均倾斜种植，亲水性强；水岸线若隐若现，树丛似飘于水面上。这是案例立面层次上的另一特别之处。

平面布局：树丛的配置满足不同角度的需要。主观赏面是西立面，最佳观赏点是印影亭周边；对于中心岛而言，树丛是一小片密林，是中心岛空间收放中收的部分。树丛背面，草坪空间内的荷花玉兰在春、夏、秋季是背景植物，在冬季与黑松一起成为观赏主体。

春

秋

冬

与环境的和谐性：树丛位于中心岛一角，植物选择和配置与红鱼池对岸的植物相呼应，并根据看与被看的关系控制园路上的视线收放。

可借鉴之处：一是树丛内最高植物色彩最浓重，容易形成关注焦点。二是一组树丛的植物分别组合后形成不同观赏期的观赏主体，丰富季相变化。三是合理利用背景植物的色彩，衬托主体色彩。四是将观赏期长的植物材料作为树丛的主景植物，以延长观赏期。五是植物配置配合水岸线的线形，加强空间的收放效果。

苗木表								
植物种类	科名	属名	数量/株	生活型	常绿/落叶	胸径或地径/cm	冠幅/m	高度/m
荷花玉兰	木兰科	北美木兰属	2	乔木	常绿	52.3~62.6	11.0~13.5	12.7~16.8
垂柳	杨柳科	柳属	2	乔木	落叶	30.5~43.0	7.4~11.0	9.4~11.3
黑松	松科	松属	4	乔木	常绿	8.9~34.5	3.4~7.4	7.1~10.2
白皮松	松科	松属	1	乔木	常绿	36.0	4.2	4.7
小鸡爪槭	无患子科	槭属	4	小乔木	落叶	15.3~38.3	3.9	5.6
紫叶李	蔷薇科	李属	1	小乔木	落叶	12.0	4.0	5.3
羽毛槭	无患子科	槭属	1	小乔木	落叶	–	3.4	2.0
栀子	茜草科	栀子属	13.0m²	灌木	常绿	–	–	1.0
紫藤	豆科	紫藤属	4.5m²	藤本	落叶	–	–	0.8

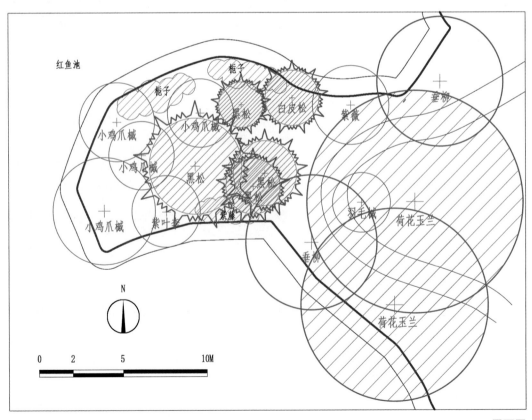

平面图

■ **花港观鱼 -3**

花港观鱼 3 号案例是南入口草坪的植物配置，是由三组大乔木、亚乔木、小乔木和地被植物组成的树丛围合而成的草坪空间。

春

色彩与季相：这是一组以春、秋两季为主要观赏季节的案例。两个季节的主要观赏植物均为小鸡爪槭。春季观赏小鸡爪槭和落叶树的嫩叶，秋季观赏小鸡爪槭和无患子的秋色。落叶乔木应用较多，冬季落叶大乔木和中层常绿的紫楠形成很好的色彩与形态的对比。

形态与质感：常绿乔木紫楠在此案例中起到形成形态与质感对比的关键作用。小鸡爪槭片层状的树形与大乔木卵圆状、伞状树形及亚乔木紫楠塔状树形形成鲜明对比，突出小鸡爪槭的横向枝条；同时，小鸡爪槭细腻的叶与紫楠厚实的叶形成反差。

立面层次：利用小乔木、亚乔木、大乔木自然高度的不同营造树丛的立面层次。春、夏季层次不明显，以观赏整体树丛的外轮廓为主；秋、冬季层次较为分明，突出小鸡爪槭与大乔木的立面关系。

平面布局：林缘线优美是该案例最为突出的特点。模拟自然水岸线的林缘线，让草坪空间与水面有着似联非联的关系。从草坪的西面往东面看，草坪似乎是西湖水的延续。

夏 秋

冬

与环境的和谐性：案例的草坪空间模拟了水体的做法，与西湖形成极好的融合与延续。

可借鉴之处：一是林缘线的处理让人产生西湖水流入公园的错觉，十分巧妙。二是树丛的主要观赏对象为落叶树，但是常绿植物在各个季节植物的对比和空间的营造中起到非常关键的作用。

苗木表								
植物种类	科名	属名	数量 / 株	生活型	常绿 / 落叶	胸径或地径 /cm	冠幅 /m	高度 /m
香樟	香樟科	香樟属	1	乔木	常绿	55.8	18.2	12.1
枫杨	胡桃科	枫杨属	8	乔木	落叶	34.6~119.0	10.7~18.4	17.7~30.2
枫香	金缕梅科	枫香属	2	乔木	落叶	30.0~33.6	10.2~11.5	11.1~12.6
垂柳	杨柳科	柳属	1	乔木	落叶	31.6	7.3	10.3
无患子	无患子科	无患子属	7	乔木	落叶	27.0~37.8	6.5~11.3	11.3~18.3
紫楠	香樟科	楠属	12	乔木	常绿	16.6~29.2	6.0~7.8	7.1~12.4
浙江楠	香樟科	楠属	5	乔木	常绿	21.8	5.7	13.6
桂花	木犀科	木犀属	13	小乔木	常绿	–	4.3~5.5	4.0~6.5
小鸡爪槭	无患子科	槭属	37	小乔木	落叶	7.5~37.0	4.9~7.8	4.4~5.9

植物种类	科名	属名	数量 / 株	生活型	常绿 / 落叶	胸径或地径 /cm	冠幅 /m	高度 /m
紫叶李	蔷薇科	李属	9	小乔木	落叶	6.2~10.3	3.2~3.7	4.9~5.0
地被 1（花叶青木 + 吉祥草 + 常春藤）	–	–	658.0m²	–	常绿	–	–	0.4
地被 2（花叶青木 + 吉祥草 + 麦冬）	–	–	165.5m²	–	常绿	–	–	0.4
地被 3（花叶青木 + 吉祥草）	–	–	1080.3m²	–	常绿	–	–	0.4

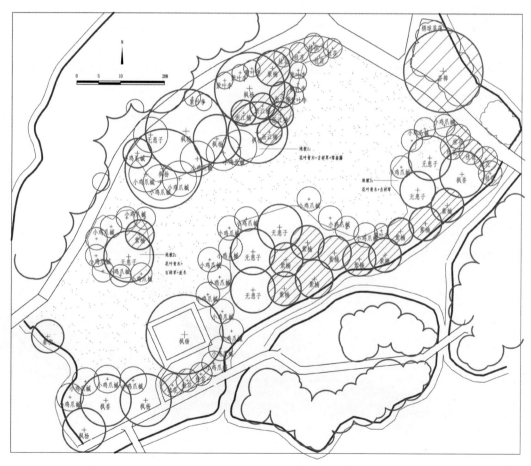

平面图

■ 平湖秋月

案例位于孤山东南角的滨湖地带、白堤西端，植物主要配合展示秋季夜晚皓月当空之际的西湖景致，因此植物配置着重突出秋季观赏效果。案例以被水环绕的建筑为主体，植物配置配合建筑，弱化建筑的体量，在狭小的空间内增强层次感。

色彩与季相：以春、秋两季为主要观赏季节。春季以绿色为基调，以星星点点的桃花为引导，将视线引向建筑周边，将白堤景致延续至平湖秋月；香樟背景下的无患子和小鸡爪槭形成虚实对比，增强空间感。秋季，色叶树的黄色衬托小鸡爪槭的鲜红，在青山的环绕下展现一方绚烂。

形态与质感：通过落叶乔木和常绿乔木间隔配置，形成形态与质感上的差异，加强空间层次感。在御书楼的南、北和东侧均以落叶乔木为主，突出月波亭边大香樟的背景和骨架作用，形成视线的延伸。

立面层次：建筑周边高大的二球悬铃木、无患子和大规格的小鸡爪槭将建筑隐在树丛中。白堤上由内而外配置垂柳和碧桃，形成观赏点，并引导视线。

平面布局：点线面相结合的平面布局。御书楼南面亲水平台上，点状的南川柳突出建筑的亲和力。御书楼北侧绿地配置大规格小鸡爪槭，突出院内空间。白堤上的垂柳和碧桃呈线性指向平湖秋月，形式简洁，指向性明确。

与环境的和谐性：平湖秋月位于孤山南侧，以秋季赏月为主题，植物配置沿着水岸逐渐舒朗，突出展现宁静水面上的皓月。中秋是阖家团圆的日子，亲水平台上的几株南川柳（"柳"与"留"谐音，表达思念的情绪），渲染了"每逢佳节倍思亲"的节日氛围。

春

夏

月挂树梢的情形更是让赏月的景致增添几分意境。

　　可借鉴之处：一是利用浓密的常绿大乔木与落叶大乔木之间的形态与质感差异、虚实对比营造空间的变化与节奏。二是利用乔木的高度和配置的节奏形成对建筑的弱化，并实现视线引导。三是利用传统赋予植物的寓意表达环境的意境。

苗木表								
植物种类	科名	属名	数量/株	生活型	常绿/落叶	胸径或地径/cm	冠幅/m	高度/m
香樟	香樟科	香樟属	1	乔木	常绿	46.7~54.2	15.3	15.6
南川柳	杨柳科	柳属	5	乔木	落叶	25.4~94.4	5.7~10.9	6.2~10.6
无患子	无患子科	无患子属	1	乔木	落叶	40.7	12.0	12.0
垂柳	杨柳科	柳属	1	乔木	落叶	39.6	4.8	4.7
小鸡爪槭	无患子科	槭属	7	小乔木	落叶	14.1~46.0	3.8~11.2	3.8~9.9
桂花	木犀科	木犀属	2	小乔木	常绿	10.6~18.5	4.3~7.5	4.7~7.3
罗汉松	罗汉松科	罗汉松属	1	小乔木	常绿	10.6	3.9	3.6
冬青卫矛	卫矛科	卫矛属	2.0m²	灌木	常绿	–	–	2.0
单体红山茶	山茶科	山茶属	–	灌木	常绿	–	–	1.4
茶梅	山茶科	山茶属	–	灌木	常绿	–	–	1.4
麦冬	天门冬科	麦冬属	–	草本	常绿	–	–	0.4

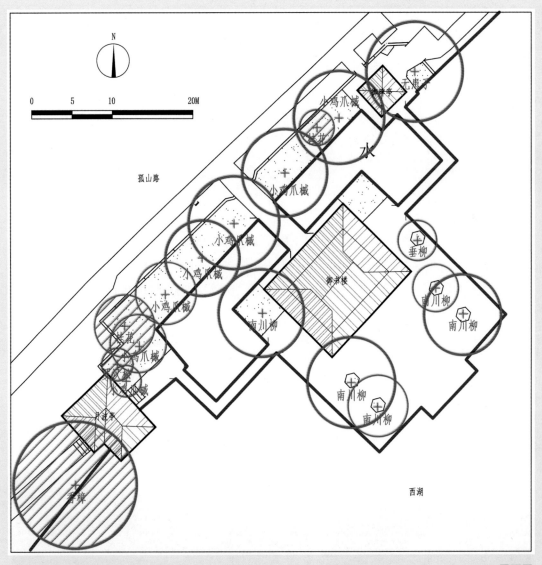

N

0 5 10   20M

孤山路

小鸡爪槭

小鸡爪槭

小鸡爪槭

小鸡爪槭

小鸡爪槭

小鸡爪槭

小鸡爪槭

瑞香

御井楼

垂柳

南川柳

南川柳

南川柳

南川柳

南川柳

水

西湖

平面图

■ **曲院风荷 −1**

案例为玉带晴虹桥及其东、西两侧的植物配置，以山水之间的玉带桥为观赏主体，植物配置着重林冠线的变化以及树形的变化，辅助营造整体画面的意境。绿带狭长，园路南配置水杉林，园路北配置以枫杨为主。

色彩与季相：为配合玉带桥主题以及曲院风荷荷花主题，植物配置以灰绿色、灰褐色为基调，配以同色系或者邻近色，呈现和谐的画面。春、夏季为绿色系，秋、冬季为黄褐色系，均是自然山水的青色的邻近色，画面和谐素雅。突出夏季景观，青绿色与远山、近水、荷叶的色彩和谐，以简单的树形与林冠线突出荷花的清雅与不染。

形态与质感：利用水杉潇洒的树形突出植物景观的特点，统一和谐的形态营造空灵、安静的画面。成丛的枫杨林冠线与远山的轮廓线极为相似，增强空间层次感，产生空间的呼应，提高和谐度。

立面层次：水杉向上生长形成的竖线条与远山的弧线形成对比，营造天际线的变化，突出玉带桥的秀美。

平面布局：玉带桥东侧绿地与苏堤相接，应用枫杨林和桂花林，植物自东向西逐渐疏朗，既衔接了苏堤上的植物景观，又突出玉带桥主体。桥西侧绿地在曲院风荷公园内，植物以水杉林为背景，配置少量大枫杨，树丛简洁洒脱，与玉带桥共同形成了极具意境的画面。

与环境的和谐性：玉带桥连接苏堤与曲院风荷，分隔西里湖与岳湖。桥边简洁的植物配置，将远山引入视线，实现空间的变化，利用竖线条与以灰色为主的色彩，与环境

夏

相和谐，营造空灵的意境。

可借鉴之处：一是整体素雅的色彩对突出主题、增强画面意境起着重要的作用。二是水杉的形态与气质对于空间组织和氛围的渲染起着决定性作用。三是案例充分利用环境因素并突出荷花主题，设计简而不单。

秋

苗木表									
植物种类	科名	属名	数量/株	生活型	常绿/落叶	胸径或地径/cm	冠幅/m	高度/m
枫杨	胡桃科	枫杨属	10	乔木	落叶	44.7~89.2	8.0~19.0	13.0~20.0
香樟	香樟科	香樟属	3	乔木	常绿	25.1~31.0	5.8~9.0	5.2~6.7
垂柳	杨柳科	柳属	4	乔木	落叶	23.6~41.0	3.0~4.5	4.4~6.5
女贞	木犀科	女贞属	1	乔木	常绿	29.0	5.4	9.6
桂花	木犀科	木犀属	–	小乔木	常绿	–	2.7~5.8	2.2~3.5
水蜡	木犀科	女贞属	–	灌木	常绿	–	2.3	3.0

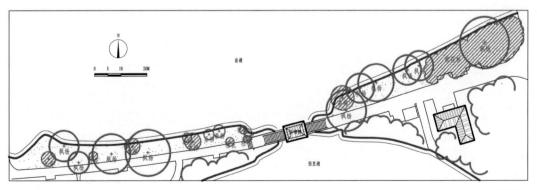

平面图

■ 曲院风荷 -2

案例是曲院风荷景区内波香亭周边的植物配置。树丛位于水岸线突出的半岛上，将大水面分隔为互相渗透的两个空间。树丛与保俶山遥相呼应，成为远山的延续。植物配置在公园总体风格的主导下，以和谐、安静又不失变化为特点，利用乔木之间形态、质感、色彩的变化与和谐，突出荷花出淤泥而不染的品格。树丛以湿地松为骨架，配置香樟、金钱松、垂柳、紫叶李、琼花、桂花、小鸡爪槭、单体红山茶等植物，丰富立面与季相变化。

色彩与季相：利用大乔木与小乔木的季相变化，在色彩上以大面积的同色系或邻近色营造安静祥和的氛围，用色调较浅的乔木（水杉、垂柳等）突出色调较深的湿地松。春季展示不同植物新叶之间的色彩和谐，夏季利用湿地松的黑绿色突出水体中荷花的翠绿，秋季水杉、金钱松的秋色叶与远山中的秋色叶相呼应，冬季强调常绿树与落叶树之间形态与质感的差异。

形态与质感：依靠大乔木（湿地松、水杉、香樟等）间形态与质感的变化来突出主体植物。水杉的竖线条与湿地松的挺直相和谐，水杉树形的洒脱突出湿地松树形的苍劲。香樟配置在湿地松边，卵圆形的树冠倾斜如水，横线条突出湿地松的苍劲有力。

立面层次：乔木的林冠线设计呈现整体优美的形态，并突出主体湿地松。外围的香樟、单体红山茶、桂花等植物形成树丛厚实的"底座"，突出主体湿地松。湿地松边缘的水杉规格较小，高度略低，不仅从色彩和形态上成为配角，在高度上也为突出主体而服务。

平面布局：在与水岸线的契合度上体现。蜿蜒曲折的水岸线与半岛的设计，令水面开合有序、岛内空间开合有度。密林围合水面空间，突出观赏主体荷花。树丛成为波香亭极好的背景，亭子稳稳立在半岛上，供游人在亭子内安静地观赏荷花。湿地松还将半岛分为南、西、北三个相对安静且有私密性的空间，营造小岛内的空间开合和疏密变化。

与环境的和谐性：通过风格的统一以及山水植物之间的融合完成。曲院风荷公园整体设计平和、安静，以观叶、观树形的乔木为主，以绿色为色彩基调展现荷花出淤泥而不染的主题。从公园内部空间的植物配置而言，湿地松、水杉、小鸡爪槭、垂柳等在水岸线的另一侧以及远处空间都有呼应。从大环境看，树木配置强调空间的变化、植物形态与质感的变化，此类变化与远山近水相协调、相呼应。

可借鉴之处：一是选择的配景植物形态朴素、色彩素雅，突出主景植物荷花的清雅。二是植物配置与水岸线的有机结合增强空间变化，并与远山相呼应。三是以色彩最为浓重的湿地松为骨干乔木，极易形成视觉焦点。四是在植物规格的选择上，亦突出主体树丛。

春　夏

秋　冬

苗木表								
植物种类	科名	属名	数量/株	生活型	常绿/落叶	胸径或地径/cm	冠幅/m	高度/m
湿地松	松科	松属	–	乔木	常绿	41.9~48.2	6.5~7.8	17.8~25.4
金钱松	松科	金钱松属	3	乔木	落叶	23.5~42.0	7.6~10.4	5.4~19.2
香樟	香樟科	香樟属	4	乔木	常绿	23.0~36.0	3.8~9.6	5.2~11.4
水杉	柏科	水杉属	–	乔木	落叶	25.4	5.7	16.6
女贞	木犀科	女贞属	1	乔木	常绿	24.0	8.2	9.6
垂柳	杨柳科	柳属	3	乔木	落叶	14.5~35.0	5.4~12.7	5.5~7.2
小鸡爪槭	无患子科	槭属	1	小乔木	落叶	15.9	6.7	4.3
桂花	木犀科	木犀属	3	小乔木	常绿	15.3~33.0	5.8~6.8	4.7~8.5
紫叶李	蔷薇科	李属	–	小乔木	落叶	7.2~15.8	2.6~4.6	3.5~6.7
罗汉松	罗汉松科	罗汉松属	1	小乔木	常绿	–	2.7	1.2

植物种类	科名	属名	数量/株	生活型	常绿/落叶	胸径或地径/cm	冠幅/m	高度/m
红枫	无患子科	槭属	1	小乔木	落叶	11.5	2.4	2.9
琼花	五福花科	荚蒾属	2	灌木	落叶	–	5.5~7.0	5.0~5.4
单体红山茶	山茶科	山茶属	11	灌木	常绿	–	1.9~4.1	1.0~5.0
枸骨	冬青科	冬青属	5	灌木	常绿	15.4~29.5	2.5~6.8	2.5~4.5
地被1（皋月杜鹃＋麦冬）	–	–	98.0m²	–	–	–	–	0.7
地被2（迎春花＋麦冬＋木芙蓉）	–	–	21.9m²	–	–	–	–	0.7
地被3（棕叶狗尾草＋扶芳藤＋麦冬）	–	–	184.5m²	–	–	–	–	0.8

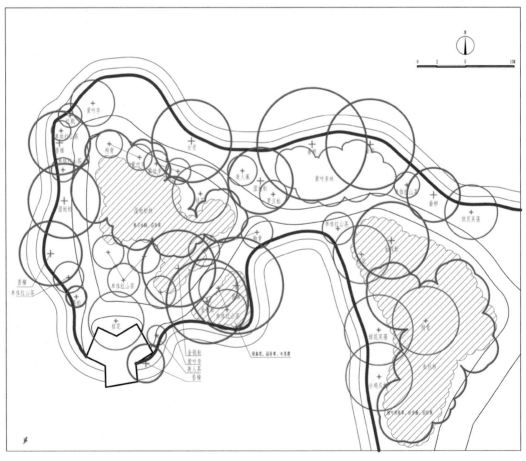

平面图

■ **苏堤春晓**

案例是苏堤北第一座桥——跨虹桥两侧的植物配置。桥的两侧种植香樟林、垂柳、东京樱花、桃、日本晚樱等植物，突出春季的观赏性。

色彩与季相：从"苏堤春晓"这一名称即可知道其主要观赏季节是春季。春季樱、桃的粉色的花在垂柳、香樟的新叶中显得特别娇嫩、烂漫，整体色彩和谐。夏季垂柳与香樟林的绿呈现不同的明度，形成和谐中的变化，主要为了突出湖水中翠绿的荷花。冬季远山的灰与香樟林的黑、垂柳的灰，互相衬托，产生宁静和谐的氛围。

形态与质感：应用爬藤植物突出跨虹桥的古朴，与垂柳、桃、樱的柔美形成鲜明的对比，展现植物的生命力。香樟广圆形的树形与垂柳纤细的竖向枝条不论是在形态上还是在质感上都具有丰富的变化；香樟背景、垂柳前景的搭配，既突显出垂柳的秀美，又与桥的古朴与厚重相协调。

立面层次：桥西一组厚实的香樟林与苏堤东侧的大片植物相平衡，同时与远山相呼应。桥东垂柳的枝条与远处曲院风荷公园内的水杉林、桥西的香樟林形成立面的变化。这些变化让跨虹桥整体景观和谐而富有层次。

平面布局：跨虹桥的桥墩两侧配置了观花植物东京樱花和碧桃，稍远处配置垂柳林与香樟林，整体疏密有致。但是观花植物边配置了垂柳，影响樱花和桃花的开花量。

与环境的和谐性：跨虹桥位于苏堤北，分隔岳湖与西湖，与曲院风荷相邻。植物配置将堤与桥大部分隐入乔木之中，不论是身在其中还是从外部观赏都能感受到极佳的环境融合性。大乔木林的设计强调了远山、近水的空间变化，还与远山形成呼应。

春

夏

秋

冬

可借鉴之处：一是香樟树形浓密，是优秀的衬托春花和嫩叶的背景植物。二是垂柳的绿色明度高，与香樟的叶色形成对比，在夏季尤为突出。

苗木表								
植物种类	科名	属名	数量 / 株	生活型	常绿 / 落叶	胸径或地径 /cm	冠幅 /m	高度 /m
香樟	香樟科	香樟属	6	乔木	常绿	44.0~92.0	12.7~24.0	14.0~22.4
无患子	无患子科	无患子属	3	乔木	落叶	28.0	8.0	18.7
垂柳	杨柳科	柳属	12	乔木	落叶	19.3~31.0	5.8~10.0	4.8~12.0
女贞	木犀科	女贞属	1	乔木	常绿	33.0	8.7	14.6
南川柳	杨柳科	柳属	1	乔木	落叶	71.0	11.6	9.6
小鸡爪槭	无患子科	槭属	2	小乔木	落叶	–	6.0	4.5
碧桃	蔷薇科	桃属	2	小乔木	落叶	–	5.0	6.0
日本晚樱	蔷薇科	樱属	6	小乔木	落叶	–	3.8~6.1	4.5~5.7
南天竹	小檗科	南天竹属	–	灌木	常绿	–	–	0.6

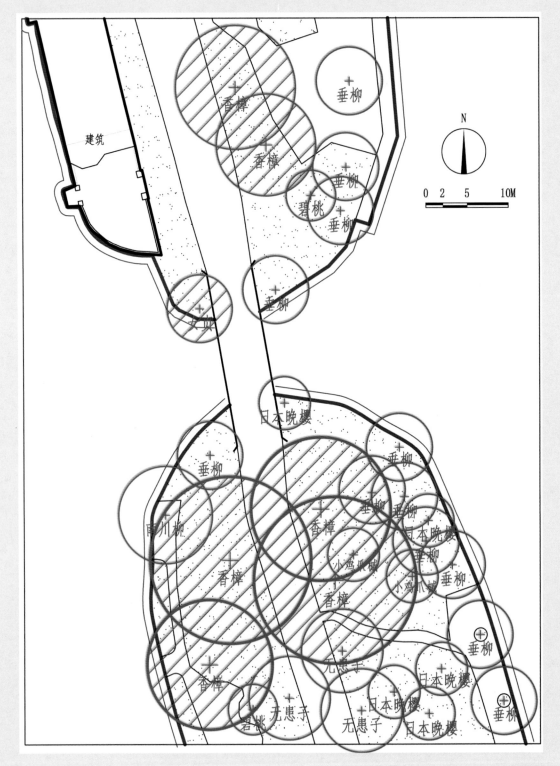

建筑

N

0 2   5   10M

日本晚樱

垂柳
垂柳
香樟
香樟
香樟
碧桃
垂柳
垂柳

垂柳

垂柳
南川柳
香樟
香樟
垂柳
垂柳
日本晚樱
小鸡爪槭
小鸡爪槭
垂柳
垂柳
香樟
无患子
碧桃
无患子
日本晚樱
无患子
日本晚樱
日本晚樱
垂柳

平面图

■ 太子湾

案例位于太子湾公园的西面，九曜山与南山路之间，地形由山林至水系逐渐降低，一座教堂坐落在草坪的西面的水杉林下。植物由南至北，分别是大乔木背景林、东京樱花林、草坪空间、无患子疏林、入水草坡。

色彩与季相：逍遥坡的色彩与季相变化是依靠不同空间、不同层次观赏植物不同部位来实现的。春季主要观赏中部草坡上的东京樱花，以绿色衬托洁白。夏季以不同的绿色将远山与近水融为一体，营造清凉的感觉。秋季观赏水岸边的无患子，与远山的秋色叶树形成呼应。冬季无患子与水杉树丛将教堂融在树林中。因此，其春季观赏主体是草坪上白色的花；夏季观赏主体是绿色树丛以及树丛与山水的关系；秋季观赏主体是前景无患子的亮黄色；冬季植物观赏主体是灰色的无患子与水杉的树形变化。

形态与质感：形态与质感的变化与和谐是利用近大远小的视错觉、植物的树形与萌动期的不同来营造的。春季东京樱花开花之时，无患子还未展新叶，枝干与草坪、樱花形成鲜明对比，突出空间的变化。夏季与秋季无患子的叶与细腻的草坪形成对比。冬季无患子伞状树形与水杉尖塔状树形相互变化与映衬。空间内有山有水，植物又与山、水、建筑、草坪形成形态与质感的变化，植物配置简单，但是形态与质感的变化极为丰富且和谐。

立面层次：案例面积大，空间变化丰富，地形变化亦丰富，因此立面层次有独特的韵味。案例视域范围从南至北分别是山、背景树林、东京樱花林、草坡、无患子林、水面。北岸观赏时，呈近大远小的透视关系，无患子树丛的高度包含了山、树林、东京樱花和草坡等多个层次，并将各个层次完美展现。远山似黑空间，草坡与水形成白空间，无患子的树干是灰空间，而视线的焦点正好是远处的东京樱花林。绿色基调下黑白灰的层次变化堪称完美。

平面布局：逍遥坡的平面布局，以大开大合为特点。顺着山体是大合的密林与东京樱花林，中部是大开的宽阔草坪，前景是开合有序的无患子疏林、游步道以及水面。平面布局的开合有度为营造季相变化、形态与质感变化打下良好的基础。

与环境的和谐性：案例处于山水之间，合理利用山体设计地形与水系，将植物景观与自然山水融为一体，整体和谐度非常高。

可借鉴之处：一是开合有度的空间层次丰富，主题明确。二是季相变化是由观赏主体、色彩、观赏部位、观赏空间的变化共同组成，因此视觉上变化大，效果佳。三是巧妙利用地形变化与近大远小的视错觉组织画面。

春 夏

秋 冬

苗木表								
植物种类	科名	属名	数量/株	生活型	常绿/落叶	胸径或地径/cm	冠幅/m	高度/m
无患子	无患子科	无患子属	24	乔木	落叶	19.0~38.0	8.5~14.0	11.6~14.3
香樟	香樟科	香樟属	2	乔木	常绿	32.2~49.2	6.4~12.8	5.0~10.1
枫杨	胡桃科	枫杨属	2	乔木	落叶	36.0~59.0	20.2	15.9
全缘叶栾树	无患子科	栾树属	1	乔木	落叶	42.0	13.0	18.2
水杉	柏科	水杉属	1	乔木	落叶	53.8	8.0	26.5
白栎	壳斗科	栎属	1	乔木	落叶	22.5	6.3	12.0
东京樱花	蔷薇科	樱属	–	小乔木	落叶	9.8~35.7	3.6~9.2	18.2
扶芳藤	卫矛科	卫矛属	139.0m²	藤本	常绿	–	–	0.3
麦冬	天门冬科	麦冬属	333.6m²	草本	常绿	–	–	0.4

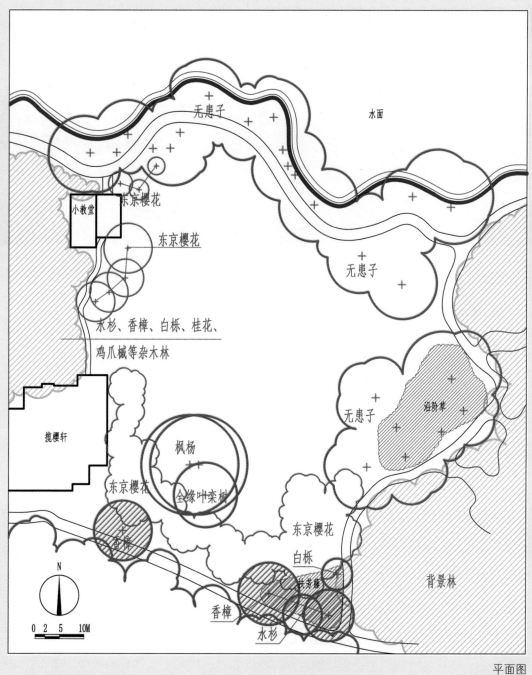

无患子

水面

东京樱花

小教堂

东京樱花

无患子

水杉、香樟、白栎、桂花、

鸡爪槭等杂木林

揽樱轩

枫杨

无患子

沿阶草

全缘叶栾树

东京樱花

东京樱花

白栎

枫杨

香樟

迷芳藤

背景林

N

香樟

水杉

0 2 5 10M

平面图

春 夏

■ 杭州植物园 -1

案例位于杭州植物园分类区裸子植物和蔷薇科植物交界处，以杉科植物为重点展开水岸边的植物配置。

色彩与季相：春、夏、秋、冬四季均有较高的观赏价值。应用水松、落羽杉、水杉、池杉组成外形和谐、色彩丰富、季相变化大的树丛。春季水杉等植物的嫩叶与外围蔷薇科植物早春烂漫的花，形成美丽而富有变化的植物景观。秋季裸子植物浓绿的叶色以及二球悬铃木的叶色增强秋季色彩的可赏性及观赏范围。夏季池塘内的水生植物（睡莲和荇菜）以及七姐妹让整个池塘充满生机。冬季水杉等植物枝干在常绿树的背景下显得更为洒脱。最为巧妙的是水松、落羽杉、水杉和池杉在秋季产生同一色系又有着差异的秋色，营造出充满油画韵味的景致。

形态与质感：主体植物以既相似又有微小差异的形态与质感变化组景，和谐度高。

立面层次：以大乔木为主要的立面层次组织空间，少量配置观花小乔木，形成节点，控制节奏。

平面布局：水杉、水松树丛以裸子植物区柳杉等常绿大乔木为背景，周边均为草坪空间，主体突出，空间尺度适宜。通过草坪空间以及透景线引入远处的玉兰、樱花，丰富空间内的植物景观。

与环境的和谐性：案例位于分类区，是以植物科属分块配置的园区。选择观赏性强、以春季观花为主的蔷薇科和木兰科植物为案例的配景植物，不仅延长春季的观赏期，还在形态、色彩等方面形成一定的对比，有利于主体植物的表现。

秋　冬

可借鉴之处：一是应用外形相近的植物材料，营造和谐却有变化的树丛。二是利用背景颜色、环境颜色加强主题色彩氛围。三是利用借景的手法，将好的植物景观引入，丰富季相变化。

苗木表								
植物种类	科名	属名	数量/株	生活型	常绿/落叶	胸径或地径/cm	冠幅/m	高度/m
江南油杉	松科	油杉属	1	乔木	常绿	59.0	13.7	14.6
水杉	柏科	水杉属	6	乔木	落叶	51.1~72.7	6.8~14.2	21.5~32.2
水松	柏科	水松属	6	乔木	落叶	20.1~60.0	4.0~8.0	11.8~25.2
落羽杉	柏科	落羽杉属	3	乔木	落叶	18.4~44.4	1.6~6.4	6.8~21.8
池杉	柏科	落羽杉属	4	乔木	落叶	27.6~60.4	2.8~4.0	15.3~25.5
柳杉	柏科	柳杉属	2	乔木	常绿	39.8~51.0	8.4~9.8	11.6~14.3
墨西哥落羽杉	柏科	落羽杉属	1	乔木	半常绿	6.3	2.0	3.1
黑松	松科	松属	3	乔木	常绿	8.5~53.0	3.8~11.2	7.9~10.4
马尾松	松科	松属	1	乔木	常绿	40.0	10.8	9.2
梅	蔷薇科	杏属	5	小乔木	落叶	11.2~17.8	3.4~6.2	3.2~5.5

植物种类	科名	属名	数量/株	生活型	常绿/落叶	胸径或地径/cm	冠幅/m	高度/m
日本五针松	松科	松属	1	小乔木	常绿	11.5~25.1	5.0~6.0	2.1~3.3
东京樱花	蔷薇科	樱属	1	小乔木	落叶	12.3	5.2	3.4
羽毛槭	无患子科	槭属	1	小乔木	落叶	6.8	2.2	1.6
南天竹	小檗科	南天竹属	14.2m²	灌木	常绿	–	–	1.3
硕苞蔷薇	蔷薇科	蔷薇属	6.4m²	灌木	常绿	–	–	1.0
沿阶草	天门冬科	沿阶草属	6.3m²	草本	常绿	–	–	0.3

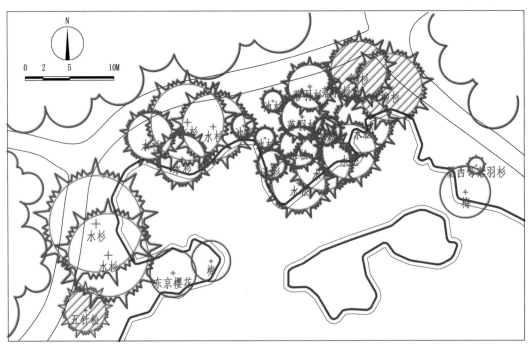

平面图

■ **杭州植物园 -2**

案例位于杭州植物园青龙山和槭树杜鹃园之间，以 7500m² 的水面为中心，园路沿湖而建，植物配置形成疏密变化的空间，在游览过程中步移景异，营造各具特色的画面。水面有两处内港、一座小岛，岸边布置有两组亭廊、一座曲桥和一座二层建筑。主要观赏植物为香樟、池杉、枫杨、锦绣杜鹃、梅、珊瑚朴、小鸡爪槭、桂花、黑松、罗汉松。[12]

色彩与季相：季相变化依靠大乔木不同季节色彩与质感的变化，以及每个季节的主题植物来实现。春季观赏植物的新叶以及梅、锦绣杜鹃、绣球等植物的花；夏季在浓绿的树林中，观赏湖面上的睡莲；秋季应用桂花以及不同色彩的秋色叶植物来组景；冬季呈现不同乔木间形态与质感的变化与和谐。案

例色彩的应用，主要依靠邻近色以及对比色的变化与和谐来实现。春、夏季以红色系的花与绿色的环境进行对比；秋、冬季分别用植物黄绿色系的和谐及褐色系的和谐来组织画面。

形态与质感：通过常绿植物和落叶植物的质感与形态差异组景，在环绕的园路中形成多个观赏节点。香樟和池杉产生色彩、树形和质感的变化；黑松与香樟形成色彩的和谐、形态与质感的变化。

立面层次：以大乔木和灌木地被为主要的树丛层次，简洁大气又富有变化。以具有高度优势的水杉为主建筑的背景树丛；岛内植物以小乔木为主，控制空间的比例关系；在不影响大乔木立面效果的前提下在水面栽种睡莲，丰富植物景观季相变化。

平面布局：植物与水体、地形、建筑、园路等元素结合，营造不同气质的休憩与游览空间，沿园路设计植物配置的节点与空间的开合，控制观赏节奏以及观赏时的情绪。从植物的整体空间结构而言，南面留出主观赏空间，北面为主建筑的背景，西面是山林的延续，东面与槭树杜鹃园相接，形成丰富的空间和立面变化。北面内港以水杉为主要树种，配合秀丽槭等槭树科植物，既是亭廊组合的背景，又形成内部小空间。亭廊西侧

夏

与山林紧密结合，植物造景以山林的延续为主，仅在曲桥与休息亭之间配置了红枫、合欢等植物，形成小节点，强调季相变化。曲桥的南面应用池杉与香樟形成树姿与色彩的变化。建筑与水面之间的绿地以大量常绿乔木形成对建筑的遮掩。水面南侧的小亭廊与北面亭廊遥相呼应，中间的小岛既有分隔水面的作用，又能避免两组建筑直接相对，同时还是小亭廊的对景。小亭廊的东侧是山水园中观赏的最佳位置，种植了少量的大乔木，满足观赏与休息的要求。

与环境的和谐性：西面的植物配置以本土植物为主，形成山林的延续，应用高大的乔木和桂花减少建筑（山外山）对园区的干扰。东面的植物配置更精细，具有更丰富的空间和立面变化，与槭树杜鹃园的风格相协调。

可借鉴之处：一是每个季节有观赏的主体，游人的视觉焦点在不同的季节是不同的，因此给人感觉季相变化较大。二是植物与环境有机融合，水面西侧和北侧重视秋色叶植物的应用，成为山林的延续，突出秋季色彩；水面东侧和南侧的植物与槭树杜鹃园结合，加强杜鹃的应用，突出春季色彩；水面以睡莲为主体，突出夏季观赏效果。三是植物的空间组织与空间的收放富有节奏和韵律感，小岛与岸边的植物配置整体性强。沿着游览线路，植物景观因水岸线的变化和视角的变化而富有趣味。四是每个季节观赏植物的视角有所区别，春季的配置着重在中低层灌木，夏季在水面上，秋季为大乔木，冬季为树丛的整体，因此相同的景致却产生很多变化。

秋　冬

苗木表									
植物种类	科名	属名	数量/株	生活型	常绿/落叶	胸径或地径/cm	冠幅/m	高度/m
香樟	香樟科	香樟属	8	乔木	常绿	52.2~131.1	9.0~28.6	15.6~21.9
枫杨	胡桃科	枫杨属	4	乔木	落叶	51.4~66.5	10.3~19.0	14.1~24.2
枫香	金缕梅科	枫香树属	5	乔木	落叶	38.8~91.4	7.6~15.8	14.7~26.8
雪松	松科	雪松属	1	乔木	常绿	39.8	7.2	18.1
黑松	松科	松属	8	乔木	常绿	25.1~48.8	5.6~9.8	9.8~18.3
朴树	大麻科	朴属	3	乔木	落叶	42.2~65.8	16.0~18.0	15.4~22.3
珊瑚朴	大麻科	朴属	1	乔木	落叶	57.6	10.5	21.4
糙叶树	大麻科	糙叶树属	1	乔木	落叶	78.2	8.4	18.9
榔榆	榆科	榆属	1	乔木	落叶	19.3	3.0	5.8
池杉	柏科	落羽杉属	6	乔木	落叶	34.9~57.3	3.2~5.3	17.8~26.3
无患子	无患子科	无患子属	2	乔木	落叶	43.8	11.2~12.6	11.4
乌桕	大戟科	乌桕属	1	乔木	落叶	47.4	14.0	16.9
全缘叶栾树	无患子科	栾树属	1	乔木	常绿	27.0	4.2	10.4
秃瓣杜英	杜英科	杜英属	4	乔木	常绿	20.8~43.5	5.8~10.2	10.2~14.0
苦槠	壳斗科	锥属	3	乔木	常绿	36.4~52.3	8.3~9.0	10.7~14.4
青冈	壳斗科	青冈属	1	乔木	常绿	–	15.0	13.4
罗汉松	罗汉松科	罗汉松属	–	小乔木	常绿	–	3.0~4.0	4.0~4.5
山茶	山茶科	山茶属	3	小乔木	常绿	25.1~34.3	7.6~8.0	6.2~7.0

植物种类	科名	属名	数量/株	生活型	常绿/落叶	胸径或地径/cm	冠幅/m	高度/m
秀丽槭	无患子科	槭属	2	小乔木	落叶	14.7	2.1	6.5
橄榄槭	无患子科	槭属	3	小乔木	落叶	10.4~23.8	2.3~5.6	6.6~7.2
小鸡爪槭	无患子科	槭属	12	小乔木	落叶	9.5~30.4	3.7~6.3	2.1~7.4
红枫	无患子科	槭属	2	小乔木	落叶	10.8	4.5	4.5
羽毛槭	无患子科	槭属	1	小乔木	落叶	3.2	1.9	1.3
桂花	木犀科	木犀属	–	小乔木	常绿	13.2~41.7	5.8~8.0	5.4~6.6
梅	蔷薇科	杏属	7	小乔木	落叶	8.2~23.6	3.3~10.6	1.7~3.7
东京樱花	蔷薇科	樱属	5	小乔木	落叶	11.1~15.0	4.0~6.4	4.4~6.1
紫薇	千屈菜科	紫薇属	1	小乔木	落叶	11.0	2.8	3.8
厚皮香	五列木科	厚皮香属	1	小乔木	常绿	14.9	3.5	2.4
蜡梅	蜡梅科	蜡梅属	1	灌木	落叶	–	6.4	3.7
红叶石楠	蔷薇科	石楠属	1	灌木	常绿	–	2.0	1.4
金边胡颓子	胡颓子科	胡颓子属	1	灌木	常绿	–	1.5	1.1
枸骨	冬青科	冬青属	1	灌木	常绿	–	1.5	1.2
红花檵木	金缕梅科	檵木属	2	灌木	常绿	–	1.8~2.0	1.5~1.8
阔叶十大功劳	小檗科	十大功劳属	1.4m²	灌木	常绿	–	–	1.6
锦绣杜鹃	杜鹃花科	杜鹃花属	457.8m²	灌木	常绿	–	–	0.6~0.8
南天竹	小檗科	南天竹属	104.0m²	灌木	常绿	–	–	0.8~1.3
绣球	绣球科	绣球属	287.7m²	灌木	落叶	–	–	0.4~1.2
刺毛杜鹃	杜鹃花科	杜鹃花属	78.3m²	灌木	常绿	–	–	1.8
野迎春	木犀科	素馨属	55.6m²	灌木	常绿	–	–	1.0~1.5
冬青卫矛	卫矛科	卫矛属	22.3m²	灌木	常绿	–	–	2.0

植物种类	科名	属名	数量/株	生活型	常绿/落叶	胸径或地径/cm	冠幅/m	高度/m
薜荔	桑科	榕属	3.7m²	灌木	常绿	–	–	0.6
美人蕉	美人蕉科	美人蕉属	12.2m²	草本	多年生	–	–	0.8
扶芳藤	五加科	常春藤属	–	藤本	常绿	–	–	0.3
络石	夹竹桃科	络石属	13.4m²	藤本	常绿	–	–	0.2
紫萼	天门冬科	玉簪属	–	草本	多年生	–	–	0.5
麦冬	天门冬科	麦冬属	516.6m²	草本	常绿	–	–	0.4

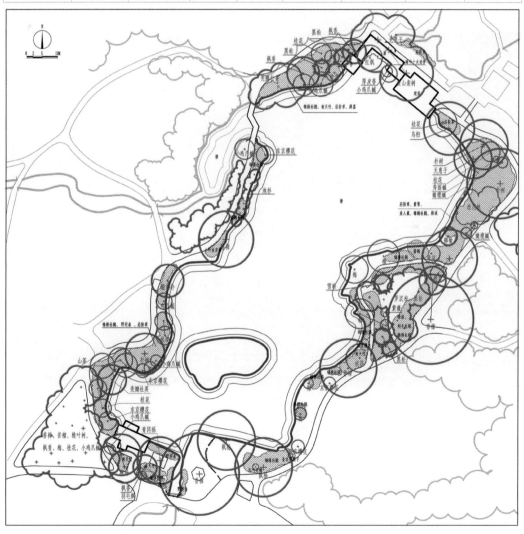

平面图

3.2 综合性公园案例及其分析

■ **城西森林公园 -1**

案例为位于城西森林公园水系旁的小面积绿地。以乔木为主，乔木下铺设砾石，总体呈现自然的形态。

色彩与季相：以秋色叶植物为主要植物材料进行配置，春、秋两季的色彩与季相变化丰富，春季黄绿色系，秋季黄红色系，但是其他季节的效果不佳。夏季以绿色为主，但是绿色中缺乏变化；冬季整体呈现较为萧条的态势。

形态与质感：选用的植物在形态上有一定差异，但是落叶树在形态与质感上差异小。整体而言，差异不够显著。

春

立面层次：大乔木的高度变化不显著，造成立面变化小，整体结构、层次与比例关系不够完美。特别是银杏规格偏小，在大规格的无患子、枫香、朴树下无法展示本体的观赏价值。

平面布局：较为松散的平面布局方式表现出自然的外貌，但是过多的落叶植物导致冬季效果不理想。

与环境的和谐性：树丛处于自然形态的溪流边，其植物配置整体无过多的人工痕迹。

不足之处：一是夏、冬季的观赏性欠佳。二是立面层次略显混乱。

建议：将小规格、长势不佳的银杏替换为绣球荚蒾等冬绿的中层植物，既能丰富冬季和春末的观赏性，又能改善树丛的立面层次。

秋

夏

冬

苗木表								
植物种类	科名	属名	数量/株	生活型	常绿/落叶	胸径或地径/cm	冠幅/m	高度/m
朴树	大麻科	朴属	3	乔木	落叶	24.3	11.3~11.6	8.0~10.3
无患子	无患子科	无患子属	2	乔木	落叶	13.0~14.8	5.6~8.0	7.6~8.7
银杏	银杏科	银杏属	5	乔木	落叶	10.8	2.0	3.6
枫香	金缕梅科	枫香树属	1	乔木	落叶	19.8	5.2	10.3

植物种类	科名	属名	数量/株	生活型	常绿/落叶	胸径或地径/cm	冠幅/m	高度/m
小鸡爪槭	无患子科	槭属	1	小乔木	落叶	7.0	3.0	2.5
花叶青木	丝缨花科	桃叶珊瑚属	4.3m²	灌木	常绿	–	–	1.2
野迎春	木犀科	黄馨属	10.8m²	灌木	常绿	–	–	1.5
南天竹	小檗科	南天竹属	4.3m²	灌木	常绿	–	–	1.3
紫藤	豆科	紫藤属	16.3m²	藤本	落叶	–	–	1.2
凤尾竹	禾本科	簕竹属	1	木质草本	常绿	–	2.8	1.6
麦冬	天门冬科	麦冬属	–	草本	常绿	–	–	0.3

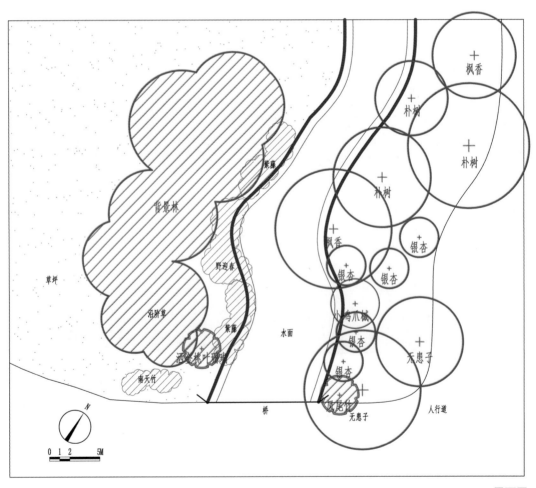

平面图

■ 城西森林公园 -2

案例为位于公园滨水小广场边的绿地。香樟栽种位置高于常水位线 2.9m，可能是建园时保留的原有植物。利用地形的变化强调香樟的体量以及观赏价值；应用垂柳和南川柳形成对比并且柔化硬质挡墙。

色彩与季相：适合春、夏、秋三季观赏。春季香樟新叶与垂柳、南川柳等新叶呈现生机盎然的景象；夏季南川柳和垂柳等枝叶弱化挡墙；秋季观赏南川柳和垂柳等黄叶。

形态与质感：垂柳与南川柳等的柔美枝条与坚实的挡墙形成鲜明对比，亦与香樟密实的枝叶形成对比。

立面层次：香樟和南川柳层次分明，但是香樟的林冠线过于单调。南川柳的树形过于高大，对硬质挡墙的遮挡效果略弱。

平面布局：环绕大香樟配置，形成背景树丛、香樟和水岸边绿地三个部分，清晰简洁。

与环境的和谐性：利用树丛弱化地面与香樟的高度差，在挡墙边缘的绿地种植南川柳以弱化挡墙以及香樟与水面的高度差。

不足之处：一是冬季观赏性不佳。二是林冠线不够优美。

建议：一是挡墙下方南川柳之间增加绣球荚蒾或桂花、山茶等常绿大灌木，以增强季相变化，提高冬季观赏性。二是香樟边加栽一株大规格的乔木，与背景树丛衔接，完善林冠线。

春　夏

秋　冬

苗木表								
植物种类	科名	属名	数量/株	生活型	常绿/落叶	胸径或地径/cm	冠幅/m	高度/m
香樟	香樟科	香樟属	3	乔木	常绿	55.0	14.0	15.2
垂柳	杨柳科	柳属	3	乔木	落叶	21.0	5.4~7.6	7.7~12.7
南川柳	杨柳科	柳属	6	乔木	落叶	28.3~32.6	6.0	10.5
桂花	木犀科	木犀属	5	小乔木	常绿	-	3.3	3.6
紫藤	豆科	紫藤属	1	灌木	落叶	-	-	-
麦冬	天门冬科	麦冬属	81.8m²	草本	常绿	-	-	0.3
再力花	竹芋科	水竹芋属	28.3m²	草本	多年生	-	-	1.8

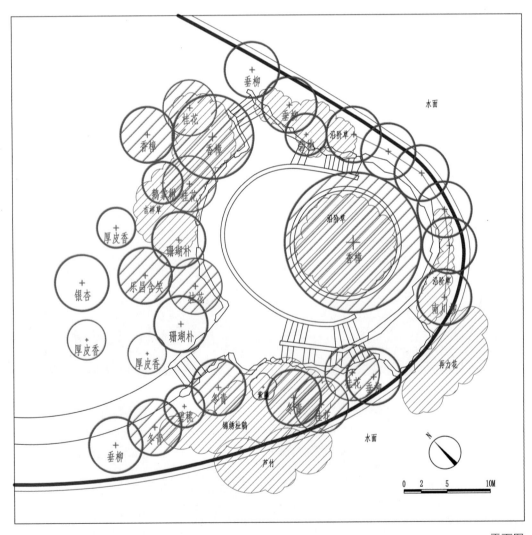

平面图

■ 城东公园 -1

案例为位于公园主干道一侧的树林草坪。密实的乔木背景林与灌木围合而成供游憩、嬉戏的空间。

色彩与季相：通过大乔木和小乔木的变化来实现。春季植物新叶、玉兰与蓝天色彩清新，共同体现生命的复苏。夏季利用乔木形态与质感的变化组织画面，小鸡爪槭、荷花玉兰和全缘叶栾树尤为突出。秋季大量的落叶乔木组成绚烂的暖色空间。冬季常绿树（特别是荷花玉兰）与落叶树之间的形态与质感差异展示了虚实空间的对比。

形态与质感：荷花玉兰的形态和质感特别厚重，各个季节都与其他植物形成对比。小鸡爪槭片层状的树形与通直的大乔木亦有着很大的差异。

春　夏

秋　冬

立面层次：利用小乔木和灌木营造树丛的层次，弱化林冠线，适合近距离观赏。比较亲人的设计，与草坪空间的游憩功能相适应。

平面布局：利用片植的金钟花将长条状的草坪空间分隔为可以互相观察的大、小两个空间，有利于形成相对安静的小空间，同时不影响带孩子游玩的游人对视线的要求。

与环境的和谐性：减小北面乔木林的规格和密度，较低的高度将远处的水杉林引入画面，一方面不影响空间的围合度，另一方面丰富空间的变化。

不足之处：一是选择的物种本身季相变化不大。二是选择的有季相变化的物种，在群落中所占比例小或者体量不足。三是选择的物种融合性弱，影响整体的观赏性。

建议：一是将园路边的银杏调整为桃，适当加大玉兰的规格，增强早春的观赏效果。二是取消片状栽植的含笑花，调整为冬绿的草本植物，如喇叭水仙、石蒜等，增加冬季的观赏效果，同时不影响春季的主体。

苗木表								
植物种类	科名	属名	数量/株	生活型	常绿/落叶	胸径或地径/cm	冠幅/m	高度/m
玉兰	木兰科	玉兰属	7	乔木	落叶	6.5~11.0	4.0~5.0	6.7
乐昌含笑	木兰科	含笑属	2	乔木	常绿	15.0~19.0	6.0~7.0	9.0
银杏	银杏科	银杏属	2	乔木	落叶	11.5~18.0	4.6~6.0	7.0~9.0
全缘叶栾树	无患子科	栾树属	3	乔木	落叶	14.5~34.0	11.0~12.4	5.0~16.0
荷花玉兰	木兰科	北美木兰属	1	乔木	常绿	14.6	7.2	8.7
无患子	无患子科	无患子属	1	乔木	落叶	17.0	10.4	9.2
小鸡爪槭	无患子科	槭属	4	小乔木	落叶	–	5.0	3.0
桃	蔷薇科	桃属	3	小乔木	落叶	–	6.0~7.2	3.5~4.5
桂花	木犀科	木犀属	3	灌木	常绿		5.0	3.6
含笑花	木兰科	含笑属	55.2m^2	灌木	常绿	–	–	1.2
金钟花	木犀科	连翘属	58.9m^2	灌木	落叶		–	3.6
吉祥草	天门冬科	吉祥草属	1373.0m^2	草本	常绿		–	0.3
麦冬	天门冬科	麦冬属	720.0m^2	草本	常绿		–	0.2
湿地松	松科	松属	13	乔木	常绿	18.0~23.0	5.5	13.2

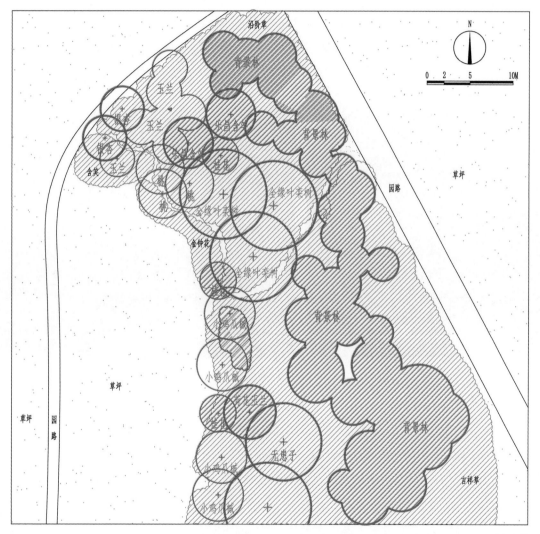

平面图

■ **城东公园 -2**

案例为小水面的岸边植物配置。大乔木勾画林冠线、组织空间，小乔木和灌木点缀形成空间变化与视觉焦点，水生植物增强季相变化。

色彩与季相：主要观赏季节为春、秋、冬季三季，通过不同植物间色彩的差异以及同一种植物不同季节的色彩差异形成色彩与季相的变化。所用植物分别适合于不同季节观赏。春季观赏红花檵木、垂丝海棠、野迎春等植物的花，少量中低层小乔木与灌木（如野迎春、垂丝海棠、小鸡爪槭等）的点缀，丰富空间色彩，形成视觉焦点。夏季观赏垂柳、

春　夏

水杉等乔木间的形态变化。秋季突出垂柳、水杉、无患子、小鸡爪槭在树形与叶色上的变化。冬季观赏落叶树的树干。

为营造丰富的季相，案例采用的主要设计手法有三：一是植物物种丰富，每个季节有不同的植物可赏；二是不同的季节观赏植物不同的部位（花、枝、叶等），形成每个季节关注焦点的变化，营造出形态与色彩差异大的植物景观，如春季观花、夏季观形、秋季观叶；三是同一种植物的季相变化大，主要代表为水杉。

案例色彩的和谐得益于大面积相似色以及小面积对比色的搭配应用。春季在绿色中应用小片粉色与红色。夏季与秋季分别应用了绿色系和黄色系的配置，使得画面均衡又丰富。特别是秋季利用枫香、无患子叶色的明度，提亮整个树丛（以水杉为主），是值得借鉴的配置方法。

形态与质感：利用水杉和其他植物在各个季节形成形态与质感的变化。冬季水杉断头的主枝干显现，视觉效果差。

立面层次：植物配置围绕水杉进行，突出林冠线的变化，适当在沿岸点缀小乔木与

灌木，形成重点。

　　与环境的和谐性：应用中层植物对背景建筑进行遮挡与美化。

　　可借鉴之处：一是合理应用观花小乔木与灌木，具有遮挡、美化远处建筑的效果。二是大乔木之间的搭配注重形、色的变化，特别是应用少量的高明度植物提高画面整体的亮度。三是不同的季节观赏植物不同的部位（花、枝、叶等），营造出形态与色彩差异大的植物景观。

　　不足之处：断头的水杉在冬季影响了整体效果。

秋　冬

苗木表								
植物种类	科名	属名	数量/株	生活型	常绿/落叶	胸径或地径/cm	冠幅/m	高度/m
枫香	金缕梅科	枫香树属	1	乔木	落叶	14.0	3.4	5.2
水杉	柏科	水杉属	8	乔木	落叶	11.0~29.5	3.6~5.5	11.2~20.2
垂柳	杨柳科	柳属	4	乔木	落叶	25.8~30.2	8.0~10.0	8.5~11.6
无患子	无患子科	无患子属	1	乔木	落叶	12.0	7.4	7.4
柚	芸香科	柑橘属	1	乔木	常绿	15.0	3.8	6.2
枫杨	胡桃科	枫杨属	1	乔木	落叶	35.0	9.4	5.7
小鸡爪槭	无患子科	槭属	2	小乔木	落叶	–	2.6	2.2
垂丝海棠	蔷薇科	苹果属	2	小乔木	落叶	–	2.2	2.8
麦冬	天门冬科	麦冬属	106.3m²	草本	常绿	–	–	0.3

植物种类	科名	属名	数量/株	生活型	常绿/落叶	胸径或地径/cm	冠幅/m	高度/m
野迎春	木犀科	黄馨属	92.8m²	灌木	常绿	–	–	1.5
金钟花	木犀科	连翘属	16.0m²	灌木	落叶	–	–	1.2
红花檵木	金缕梅科	檵木属	145.4m²	灌木	常绿	–	–	0.6
金边黄杨	卫矛科	卫矛属	55.6m²	灌木	常绿	–	–	0.6
吉祥草	天门冬科	吉祥草属	34.8m²	草本	常绿	–	–	0.3

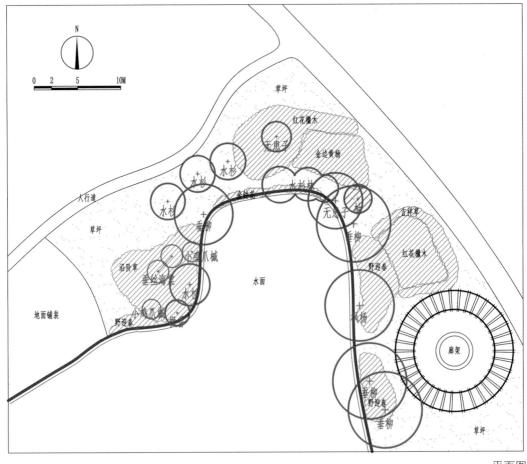

平面图

■ **城东公园 -3**

案例为公园中活动小广场边的绿地植物配置。周边有廊架、铺装地等，绿地内为乔木林和草坪空间。

色彩与季相：不同季节的色彩有差异，但是每个季节的观赏植物量不足，无法形成观赏主体。春季紫叶李的叶色在绿色环境中特别突出，但是处于香樟林下的紫叶李种植密度高、光照条件不够，导致观赏性达不到预期效果。

形态与质感：一千多平方米的空间内栽种荷花玉兰、雪松、罗汉松、枫香、水杉、鹅掌楸6种大乔木，大乔木物种数量过多且每种大乔木的风格差异大，与其他物种的融合性差，形态与质感的对比过于强烈。

立面层次：以大乔木围合的空间，立面层次略显单一。

平面布局：以大小乔木组织空间，主要有密林、疏林和草坪。草坪空间略显不足，树林的疏密关系不够明显。

与环境的和谐性：西面密实的树林是广场和廊架的背景，极好地隐藏了廊架。东面通透的林下空间暴露了外围的植物，导致草坪内略显凌乱。

春

夏

冬

不足之处：一是小面积草坪中，应用的大乔木种类多，外形特点强烈，融合性差，导致整体的和谐度不高。二是紫叶李林处于大乔木林下，无法满足其对光照的需求，花量少，效果未达预期。

建议：一是取消罗汉松林和水杉，既增加草坪空间，又不影响空间的围合度。二是取消香樟，将荷花玉兰移至现香樟位置。减少乔木的种类，同时为紫叶李创造更适合的生长环境。

秋

苗木表									
植物种类	科名	属名	数量/株	生活型	常绿/落叶	胸径或地径/cm	冠幅/m	高度/m
罗汉松	罗汉松科	罗汉松属	12	乔木	常绿	12.0	3.8	6.0
荷花玉兰	木兰科	北美木兰属	1	乔木	常绿	15.2	6.6	7.3
鹅掌楸	木兰科	鹅掌楸属	4	乔木	落叶	10.4	4.6	6.0
枫香	金缕梅科	枫香树属	1	乔木	落叶	15.5	6.8	9.3
雪松	松科	雪松属	3	乔木	常绿	29.0	9.4	9.5
水杉	柏科	水杉属	1	乔木	落叶	9.5	6.4	16.2
紫叶李	蔷薇科	李属	12	小乔木	落叶	–	4.6	6.0
麦冬	天门冬科	麦冬属	316.0m²	草本	常绿	–	–	0.3
小叶扶芳藤	卫矛科	卫矛属	347.0m²	草本	常绿	–	–	0.2

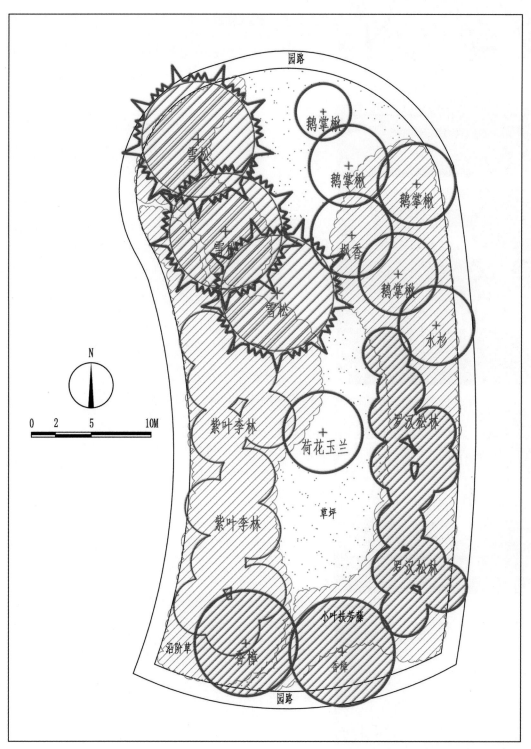

平面图

春

夏

秋

冬

▩ 钱江新城

案例为位于钱江新城公园内的一处园路边的植物配置。空间内有几株大乔木、一片观花小乔木和几片修剪成形的灌木。

色彩与季相：大乔木、小乔木、灌木，每个层次的观赏季节与观赏部位有一定差异，由此形成色彩与季相变化。春季为主要观赏季节，观赏垂丝海棠的花、大花六道木的新叶、红叶石楠的新叶以及绣球荚蒾的花；夏季以绿色为主，主要欣赏绿地的空间变化；秋季观赏乌桕的叶色；冬季的观赏价值不高。

形态与质感：植物配置较为松散，同一层次的植物间形态与质感的变化较少，其形态与质感的变化来自于不同层次植物间树形的差异。

立面层次：立面有层次但是较为散乱，不同视角的立面主体不同。树丛主体不明显，林冠线组织不理想。

平面布局：形态与质感、立面层次的变化与和谐性不够，主要是因为布局随意与散乱。从平面上看，树丛中的植物无主次之分，无有序的空间组织，疏密变化不合理。

与环境的和谐性：公园周边有许多高大的现代建筑，植物的高度和密度弱化了这些建筑。

不足之处：一是布局散乱，每个季节的观赏主体不明确。二是修剪成形的灌木层面积过大且与乔木的和谐性不够。三是冬季观赏效果欠佳。

建议：一是取消大面积的修剪灌木，增加冬季观赏、早春观赏或者冬绿的地被、灌木，如喇叭水仙、红瑞木、石蒜、结香、李叶绣线菊等组成的小片花境，与绣球荚蒾、垂丝海棠紧密结合，形成密林花境与疏林草坪两个空间。这样既能突出主体与空间的变化，又能留出供游人冬季玩耍的草坪，实现观赏与游憩兼顾的目的。二是适当梳理中层观赏小乔木的位置，形成垂丝海棠、绣球荚蒾、小鸡爪槭三个主观赏面，突出春季和秋季两个季节的观赏效果。

苗木表								
植物种类	科名	属名	数量/株	生活型	常绿/落叶	胸径或地径/cm	冠幅/m	高度/m
槐	豆科	苦参属	3	乔木	落叶	–	3.0	2.2
朴树	大麻科	朴属	5	乔木	落叶	24.0	6.6	10.0
香樟	香樟科	香樟属	4	乔木	常绿	52.0	7.6	13.0
乌桕	大戟科	乌桕属	2	乔木	落叶	24.0~29.0	6.9~9.0	10.0~12.0
小鸡爪槭	无患子科	槭属	6	小乔木	落叶	–	4.0	3.0
垂丝海棠	蔷薇科	苹果属	9	小乔木	落叶	–	6.0	5.0
绣球荚蒾	五福花科	荚蒾属	3	灌木	落叶	–	2.2	3.3
山茶	山茶科	山茶属	14	灌木	常绿	–	2.0	3.0
红叶石楠	蔷薇科	石楠属	684.1m²	灌木	常绿	–	–	0.8
大花六道木	忍冬科	糯米条属	388.5m²	灌木	半常绿	–	–	0.6

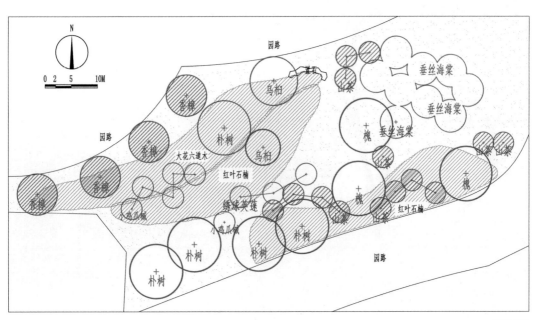

平面图

3.3 专类公园案例及其分析

■ 城北体育公园 –1

案例为主园路边的植物配置。绿地呈狭长形，曲线园路东西向横穿绿地。北面是城市河道；南面栽植桂花和珊瑚树林，形成背景；东端 20m 高的红砖烟囱是主景。

色彩与季相：主要观赏季节为春、秋季，同时兼顾四季的观赏效果。春、秋季均以暖色调与红色的烟囱协调。季相的变化采用分段配置的方法实现，分别为秋、冬季观赏、春季观赏以及秋季观赏。

形态与质感：部分路段修剪成形的灌木（红叶石楠、大花六道木、枸骨球、锦绣杜鹃、金森女贞等）以及地被（小叶扶芳藤、麦冬等）在色彩、观赏性、空间关系上未与小乔木形成有机的联系，在形态与质感上略显凌乱。

立面层次：植物配置保留园路北面的高大乔木（香樟、枫杨和构树），形成骨干，南面配置不同观赏季节的小乔木和灌木，突出中层和底层的季相变化。

平面布局：园路东西方向分段配置，每段各具特色。第一段：上层均为落叶大乔木，底层均为常绿灌木，主要观赏小乔木层的梅、小鸡爪槭、紫薇、山茶等植物，以秋、冬

春

季观赏为主。第二段：主要观赏小乔木层的紫薇、东京樱花、小鸡爪槭、垂丝海棠等，以春季观赏为主。第三段：主要观赏大乔木层和小乔木层的朴树、小鸡爪槭和垂丝海棠，观赏以秋季为主，兼顾春季。园路较长，分段配置后整体感仍然很强。

不足之处：整形灌木与整体风格不一致，影响了整体性与协调性。

可借鉴之处：一是突出主景以及分段配置的设计，使得植物丰富而不散乱。二是保留高大乔木（香樟、枫杨和构树），突出中层和底层的季相变化，层次分明。

秋

冬

夏

夏

苗木表								
植物种类	科名	属名	数量/株	生活型	常绿/落叶	胸径或地径/cm	冠幅/m	高度/m
枫杨	胡桃科	枫杨属	2	乔木	落叶	47.0~70.0	14.0~16.4	17.0~17.5
构树	桑科	构属	4	乔木	常绿	28.0~67.0	10.8~15.0	7.5~13.0
垂柳	杨柳科	柳属	6	乔木	落叶	20.5~35.0	4.8~8.0	9.0~12.8
榉树	榆科	榉属	2	乔木	落叶	22.5~25.0	9.0~10.0	9.0
全缘叶栾树	无患子科	栾树属	1	乔木	落叶	30.0	6.4	12.4
柚	香樟科	香樟属	1	乔木	常绿	20.0	5.4	8.0
银杏	银杏科	银杏属	8	乔木	落叶	58.0	5.6	8.0
无患子	无患子科	无患子属	5	乔木	落叶	13.7	2.8	6.0
柚	芸香科	柑橘属	6	乔木	常绿	24.0	3.8	6.1
石楠	蔷薇科	石楠属	1	乔木	常绿	–	4.6	0.7~3.6
垂丝海棠	蔷薇科	苹果属	31	小乔木	落叶	7.0~9.0	3.4	3.0
梅	蔷薇科	杏属	3	小乔木	落叶	–	2.2~4.3	2.5~2.8
日本晚樱	蔷薇科	樱属	6	小乔木	落叶	–	3.0	3.5
小鸡爪槭	无患子科	槭属	18	小乔木	落叶	6.0~10.4	3.0~5.6	2.8~5.6
紫薇	千屈菜科	紫薇属	14	小乔木	落叶	6.0~9.0	1.8~2.2	2.0~5.4
山茶	山茶科	山茶属	3	灌木	常绿	–	1.8	2.3
红叶石楠（球）	蔷薇科	石楠属	9	灌木	常绿	–	1.0~2.0	1.2~1.5
枸骨	冬青科	冬青属	11	灌木	常绿	–	1.9	1.2
锦绣杜鹃	杜鹃花科	杜鹃花属	166.3m²	灌木	常绿	–	–	0.7
红叶石楠	蔷薇科	石楠属	477.2m²	灌木	常绿	–	–	0.7
金森女贞	木犀科	女贞属	356.7m²	灌木	常绿	–	–	0.7
大花六道木	忍冬科	糯米条属	230.0m²	灌木	半常绿	–	–	0.7

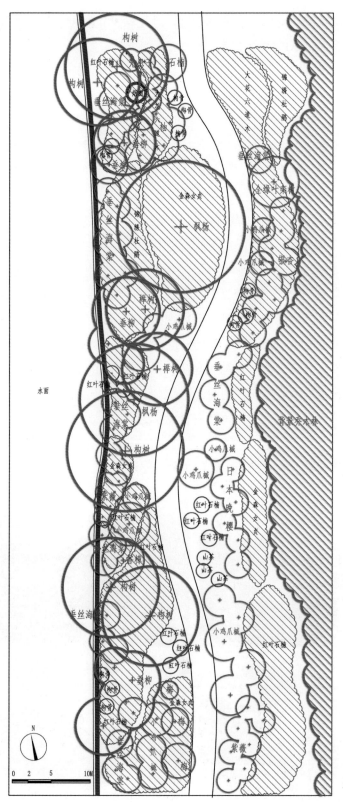

平面图

■ 城北体育公园 -2

案例为主园路与次园路交界处的植物配置。以几株大乔木为骨架，适当配置中层小乔木，突出底层的灌木、草本植物花境。

色彩与季相：春季突出小乔木层红枫色彩，夏季展示灌木地被层花境变化，秋季强调大乔木层色彩。案例有季相变化与色彩搭配，但是每个季节的主体不够突出，整体的协调性不够。

形态与质感：草本植物、球形灌木、片层状的小乔木以及大乔木之间有形态与质感的变化，但是变化过多且缺乏关联，整体的和谐性不够。特别是自然的花境与修剪成球形的灌木之间形态与质感不同，画面的融合度较低。

立面层次：立面层次分明。以大乔木层为骨架，小乔木层点缀，灌木地被层为主体。但是大乔木层未充分考虑大乔木位置、姿态的变化及其与小乔木层、灌木地被层的关联，因此林冠线略显杂乱。

平面布局：作为主、次园路的交叉口，设计观赏价值较高的花境，平面布局具有合理性。花境的中心在次园路的突出位置，形成次园路的视觉焦点，较为合理。花境位置倾斜种植的朴树有利于植物与园路形成互动，也有利于将游人视线引导至花境主体。

与环境的和谐性：公园外的一处高层建筑，在该案例的视域范围内特别突兀。植物种植设计未考虑对建筑物的遮挡或者利用，这是比较欠缺的。

不足之处：一是立面上看大乔木（两株朴树）之间缺少关联。二是设计时未考虑外部环境的影响。

可借鉴之处：不同季节的观赏花木进行立面分层设计。

春 夏

秋 冬

苗木表								
植物种类	科名	属名	数量/株	生活型	常绿/落叶	胸径或地径/cm	冠幅/m	高度/m
朴树	大麻科	朴属	4	乔木	落叶	22.5~30.0	6.8~9.2	6.0~11.4
无患子	无患子科	无患子属	2	乔木	落叶	16.0	5.6	7.5
红枫	槭树科	槭属	2	小乔木	落叶	–	2.8~4.6	2.3~3.5
桂花	木犀科	木犀属	1	小乔木	常绿	–	4.0	3.4
冬青卫矛(球)	卫矛科	卫矛属	3	灌木	常绿	–	1.5	1.2
红叶石楠	蔷薇科	石楠属	96.0m²	灌木	常绿	–	2.0	1.6
锦绣杜鹃	杜鹃花科	杜鹃花属	38.1m²	灌木	常绿	–	–	0.8
麦冬	天门冬科	麦冬属	3.5m²	草本	常绿	–	–	0.2

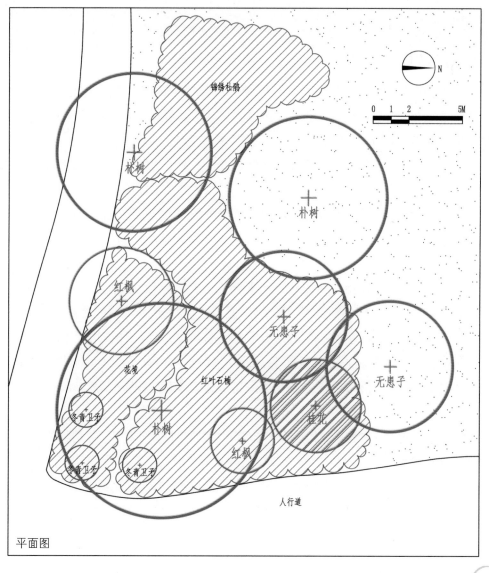

平面图

春　夏

▨　城北体育公园 -3

案例为园路的"丁"字形入口,同时是室外运动场的入口。主体是 1.5~2m 长的景石,植物围绕着景石而配置。植物配置背景以乔木林为主,景石边以小乔木、灌木为主,以中低层为主要观赏对象。

色彩与季相:春季和秋季均有较好的观赏效果。春季主要观赏玉兰、绣球荚蒾的花以及红叶石楠、红花檵木的叶。花均为白色,与绿色的叶形成清新的色彩,红色的新叶与大面积的绿色形成反差。夏季黄色的金边胡颓子和白色的荷花玉兰点缀在树林中,丰富季相变化。秋季赏桂以及秋色叶植物。桂花、小鸡爪槭、无患子的秋季最佳观赏期均不同,因此,树丛整体的观赏期长。

形态与质感:以卵圆形统一树丛的外部形态,点缀伞形的无患子,形成变化。

立面层次:大乔木层的荷花玉兰长势不佳,影响乔木层林冠线的连贯性。中低层次运用球形灌木与景石的搭配突出主景,但是高度差异略显不足,球形灌木体量略大。

平面布局:乔木种植的疏密不合理,导致空间密实有余,灵活性略显不足。利用绣球荚蒾和桂花较为耐阴的特点,林下中层配置绣球荚蒾和桂花以分隔空间,突出树丛的背景效果。

与环境的和谐性:小乔木、球形灌木与大石块的体量搭配不协调,绣球荚蒾规格太小,球形灌木规格过大。

不足之处:一是荷花玉兰树形差。二是球形灌木体量与景石不协调。

可借鉴之处:一是植物最佳观赏期基本错开,春季观赏期较长。二是周年可赏的植物材料比较多。三是以相似的树冠形状统一树丛的外观。

秋 冬

苗木表								
植物种类	科名	属名	数量/株	生活型	常绿/落叶	胸径或地径/cm	冠幅/m	高度/m
香樟	香樟科	香樟属	1	乔木	常绿	20.0	5.2	6.7
无患子	无患子科	无患子属	2	乔木	落叶	11.5	4.2	6.3
桂花	木犀科	木犀属	1	小乔木	常绿	–	4.0	4.0
红枫	无患子科	槭属	4	小乔木	落叶	–	1.8	1.9
绣球荚蒾	五福花科	荚蒾属	30.4m²	灌木	半常绿	–	3.8	3.4
山茶	山茶科	山茶属	1	灌木	常绿	–	2.9	2.2
红叶石楠（球）	蔷薇科	石楠属	2	灌木	常绿	–	1.6	1.2
红花檵木（球）	金缕梅科	檵木属	2	灌木	常绿	–	1.7~2.3	1.7
海桐	海桐科	海桐属	2	灌木	常绿	–	2.5	1.3
金边胡颓子	胡颓子科	胡颓子属	2	灌木	常绿	–	1.6	1.0
南天竹	小檗科	南天竹属	2.1m²	灌木	常绿	–	1.6	1.7
麦冬	天门冬科	麦冬属	358.0m²	草本	常绿	–	–	0.2
玉兰	木兰科	玉兰属	2.0m²	乔木	落叶	7.0	1.6	5.6

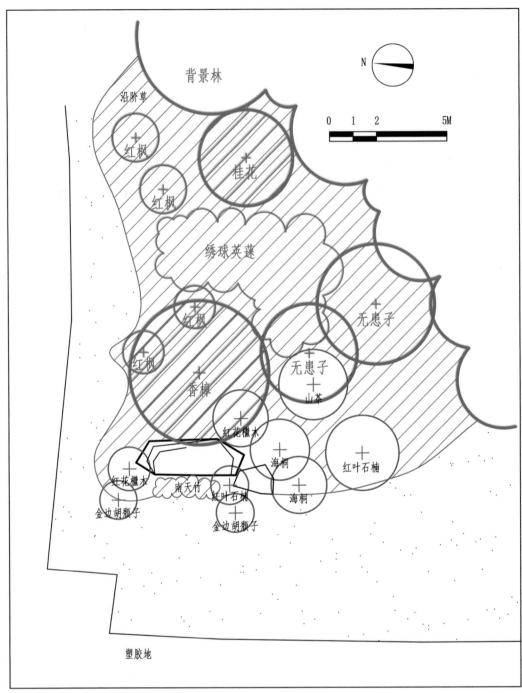

平面图

■ **城北体育公园 -4**

案例为主园路边的树丛，以大乔木作背景，小乔木和灌木地被结合紧密，留出大面积草坪空间。以灌木地被组建的花境为主要观赏对象，小乔木配合花境配置。

色彩与季相：植物种类丰富，季相变化大。但相同季节观赏植物的关联性不够，无法形成季节性的主观赏点。

形态与质感：地被植物组成花境与乔木层形成形态与质感的差异。但是乔木层的形态与质感未进行有效的搭配，较为混乱。

立面层次：立面层次以高、中、低层与草坪逐步过渡衔接为主。中低层植物丰富，突出花境形式配置的底层植物。树丛层次丰富，但天际线及林缘线不够优美。

平面布局：树丛密植，具有较好的空间分隔的作用，利用局部的地形变化强化植物的分隔作用。底层植物应用丰富，但是植物与雕塑之间缺乏联系。

与环境的和谐性：树丛对游泳馆形成较好的柔化作用。

不足之处：部分大乔木长势不佳，影响林冠线的流畅。

可借鉴之处：乔木的栽植密度合理，高、中、低层次的过渡适宜。

春 夏

秋 冬

苗木表								
植物种类	科名	属名	数量/株	生活型	常绿/落叶	胸径或地径/cm	冠幅/m	高度/m
银杏	银杏科	银杏属	3	乔木	落叶	–	6.2	12.0
榉树	榆科	榉属	1	乔木	落叶	–	9.0	11.0
桂花	木犀科	木犀属	6	小乔木	常绿	–	3.6~5.6	4.0~6.0
石榴	千屈菜科	石榴属	4	小乔木	落叶	–	4.0~6.0	3.7~4.3
小鸡爪槭	无患子科	槭属	5	小乔木	落叶	–	3.3~4.0	2.7~3.9
红枫	无患子科	槭属	2	小乔木	落叶	–	3.2~3.5	2.4~2.9
日本晚樱	蔷薇科	樱属	1	小乔木	落叶	–	4.0	5.5
绣球	绣球科	绣球属	53.0m²	灌木	落叶	–	–	0.6
金森女贞	木犀科	女贞属	209.7m²	灌木	常绿	–	–	0.8
石楠	蔷薇科	石楠属	142.1m²	灌木	常绿	–	–	0.6
红花檵木	金缕梅科	檵木属	42.2m²	灌木	常绿	–	–	0.8

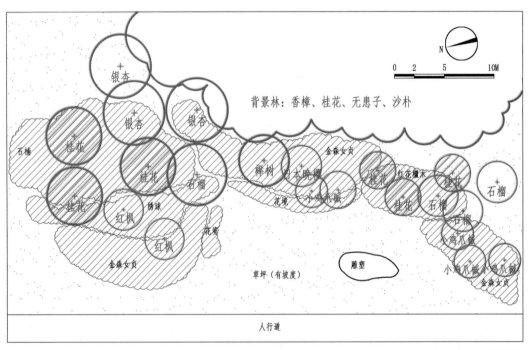

平面图

■ **城北体育公园 -5**

案例为滨水的一处植物配置。树丛整体性强，与水生植物衔接自然。

色彩与季相：以观赏乔木林的整体效果为主，色彩统一中有变化。秋、冬季为主要观赏季节，观赏对象主要为水杉和无患子的秋色和冬姿；春季次之，以水杉新叶和香樟新叶为主要观赏对象，同时底层的红花檵木色彩活跃；夏季以紫薇花以及水杉、香樟、无患子的树形变化为主要观赏对象。

形态与质感：利用水杉、无患子和香樟的树形、叶色的变化组景。

立面层次：通过地形的改造，使树丛整体轮廓线产生变化。但林冠线呈规整的弧形，还有进一步优化的空间。水面栽植芦苇和蒲苇，与岸上植物景观形成呼应，同时与地形结合形成乔木与水面的过渡。

平面布局：树丛是另一侧道路景观的背景，以香樟作为两侧植物景观的背景，达到植物材料的多用及和谐统一。中低层植物的配置缺乏灵活性、整体性，修剪整齐的灌木和中层植物尚未与乔木有机结合，形成完美的整体。

与环境的和谐性：桂花的应用，对远处的建筑有很好的遮挡作用。

不足之处：水杉规格过于一致，林冠线缺少变化，不够优美。

可借鉴之处：一是通过水面留出理想的观赏距离。二是水杉为该树丛主要的观赏物种，香樟和桂花作为配角很好地衬托出水杉的秀美。

春 夏

秋 冬

苗木表								
植物种类	科名	属名	数量/株	生活型	常绿/落叶	胸径或地径/cm	冠幅/m	高度/m
香樟	香樟科	香樟属	4	乔木	常绿	–	9.0	9.0
无患子	无患子科	无患子属	11	乔木	落叶	–	6.0	7.5
水杉	柏科	水杉属	9	乔木	落叶	–	5.0	9.0
桂花	木犀科	木犀属	5	小乔木	常绿	–	4.0	4.0
金森女贞	木犀科	女贞属	219.9m²	灌木	常绿	–	–	0.5~0.6
锦绣杜鹃	杜鹃花科	杜鹃花属	16.2m²	灌木	常绿	–	–	0.5~0.6
红叶石楠	蔷薇科	石楠属	116.8m²	灌木	常绿	–	–	0.6~0.8
花叶青木	丝缨花科	桃叶珊瑚属	60.5m²	灌木	常绿	–	–	0.6~0.8
南天竹	小檗科	南天竹属	175.2m²	灌木	常绿	–	–	0.6~0.8
小叶扶芳藤	卫矛科	卫矛属	66.9m²	藤本	常绿	–	–	0.1~0.2
芦苇	禾本科	芦苇属	68.1m²	草本	水生植物	–	–	1.5~2.5
水蜡烛	唇形科	水蜡烛属	36.8m²	草本	水生植物	–	–	1.8~2.2
红花檵木	金缕梅科	檵木属	148.0m²	灌木	常绿	–	–	0.8
麦冬	天门冬科	麦冬属	81.8m²	草本	常绿	–	–	0.2

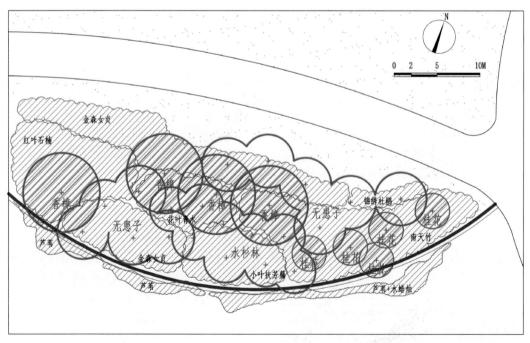

平面图

3.4 社区公园案例及其分析

■ 大关公园

案例为小区公园内茶室边，次园路的植物配置。以大乔木和小乔木的疏林为主，小乔木组织空间，底层灌木有季相变化。

色彩与季相：主要观赏季节是春、秋两季。利用不同层次来区分观赏季节，延长观赏期。上层乔木的主要观赏季节为秋季，中层小乔木的主要观赏季节是春季，底层灌木的主要观赏季节是冬季。选择季相丰富的植物，达到全年的观赏要求。

形态与质感：主要体现在无患子、垂丝海棠等植物冬季树形与姿态的变化。修剪成形的灌木在案例中十分突出，在四季都是画面中形态的主体，影响画面的和谐度。

立面层次：大乔木、小乔木、灌木层三个层次的植物缺乏关联度，立面有层次，但是层次中的主体不够突出。

平面布局：案例紧邻茶室，一面栽植疏林和灌木，形成空间的分隔和渗透，另一面相对敞开，喝茶的游人能在茶室中拥有更多空间。平面布置以小乔木为主要观赏对象，与大乔木共同组织空间，有疏密变化但是缺乏节奏感。

与环境的和谐性：社区绿地往往面积不大，游人多，功能性强。此案例在社区公园茶室边，利用疏林界定空间，同时形成空间的渗透和交流，避免空间过于狭小，对游人心理造成影响。

不足之处：一是整形灌木略显呆板。二是每个季节的观赏性都不突出。

春

夏

秋

冬

建议：一是用木瓜海棠、月季、南天竹等外形较为自然且观赏价值更高的植物替换现有的灌木。二是适当增加紫薇和垂丝海棠的数量，突出季相变化。

苗木表								
植物种类	科名	属名	数量/株	生活型	常绿/落叶	胸径或地径/cm	冠幅/m	高度/m
香樟	香樟科	香樟属	2	乔木	常绿	30.0~32.0	8.2~10.0	9.3
银杏	银杏科	银杏属	1	乔木	落叶	12.0	5.6	6.4
无患子	无患子科	无患子属	2	乔木	落叶	17.5~23.3	8.6~10.0	6.3~10.3
垂丝海棠	蔷薇科	苹果属	3	小乔木	落叶	–	3.4	3.0
紫薇	千屈菜科	紫薇属	4	小乔木	落叶	–	2.2~3.2	2.7
红花檵木	金缕梅科	檵木属	27.3m²	灌木	常绿	–	–	0.8
南天竹	小檗科	南天竹属	32.5m²	灌木	常绿	–	–	1.1
野迎春	木犀科	素馨属	1.8m²	灌木	常绿	–	–	0.6
金森女贞	木犀科	女贞属	65.7m²	灌木	常绿	–	–	0.6

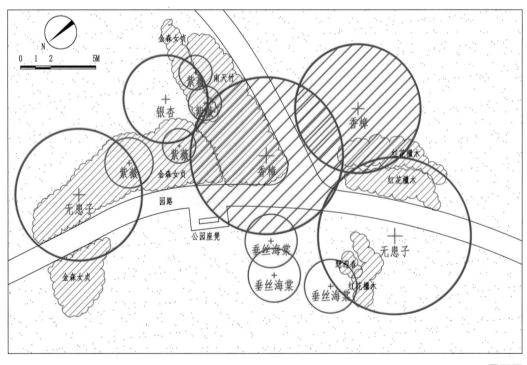

平面图

夏

■ 文新公园

案例为位于文新公园内休憩小广场周边的植物配置。圆形的小广场一侧是雪松和多年生花境，环绕着小广场是点缀的紫薇。原本雪松一侧配置了几株日本晚樱，由于公园做调整，在第二次调查后，日本晚樱就被移走了。

色彩与季相：花境令整体观赏期延长，春季效果尚可。但是花境所占比例小，无法改变整体的观赏效果。夏季紫薇体量过小、花量少，亦不能形成良好的观赏价值。秋、冬季暖季型草坪面积过大，整体呈现萧条的态势。

形态与质感：雪松树形的个性极强，其形态、质感与花境的搭配有变化，同时远处的紫薇与雪松的树形差异也很大。整体性与协调性弱，观赏价值不高。

立面层次：主要植物分属于大乔木、小乔木和灌木地被，具有一定的立面层次的变化，但是林冠线不够优美。

平面布局：空间过大，缺少疏密变化以及节奏感、韵律感、美感。

与环境的和谐性：处于城市主干道边缘，缺少树丛对环境与空间的优化。

春

秋

冬

不足之处：一是紫薇规格过小。二是缺乏空间变化。

建议：一是增加大规格的紫薇，形成夏季观赏空间。二是增加花境背景的雪松，保留日本晚樱，并适度增加日本晚樱的数量，利用日本晚樱营造空间。

注：该案例比较特殊，调查过程中植物在不断变化，如日本晚樱在调查后期都被移走。

苗木表								
植物种类	科名	属名	数量/株	生活型	常绿/落叶	胸径或地径/cm	冠幅/m	高度/m
雪松	松科	雪松属	1	乔木	常绿	45.0	12.0	13.7
日本晚樱	蔷薇科	樱属	4	小乔木	落叶	–	5.5	5.5
桂花	木犀科	木犀属	1	小乔木	常绿	24.5	4.4	4.2
金丝桃	金丝桃科	金丝桃属	366.0m²	灌木	半常绿	–	–	0.7

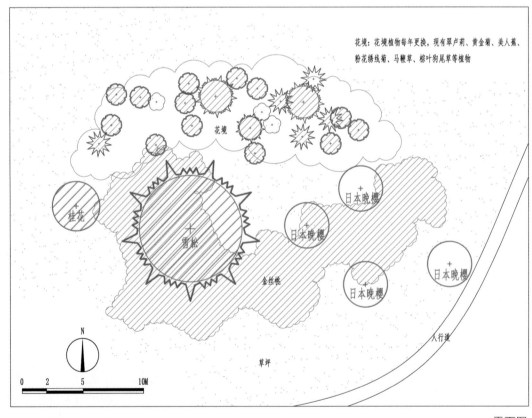

花境：花境植物每年更换，现有翠卢莉、黄金菊、美人蕉、粉花绣线菊、马鞭草、棕叶狗尾草等植物

平面图

■ LOFT 公园

案例位于 LOFT 公园次园路两侧。以大乔木、小乔木、地被为主要层次。

色彩与季相：使用的植物种类比较丰富，观赏期错开，每次开花植物占比不大。弯曲的园路令空间产生变化，形成局部小空间，观赏植物在小空间内所占比例大，观赏性增强。春季观花植物有紫叶李、东京樱花、绣球荚蒾、绣球等，其花期横跨整个春天，观赏期长；夏季观赏紫薇、合欢等；秋季观赏朴树、二球悬铃木、桂花、小鸡爪槭等；冬季观赏南天竹。

形态与质感：利用灌木地被的形态差异营造中低层的变化。

立面层次：有效配置大小乔木的规格，立面层次分明。

平面布局：植物根据曲折的园路配置，产生空间和植物景观的变化，突出小空间内的观赏性。

与环境的和谐性：利用大乔木和高灌木围合出相对独立的空间，减少外部干扰。

可借鉴之处：与园路的有机结合形成小空间，利用小空间之间的季相变化达到延长观赏期、增强季相变化的目的。

春　夏

秋　冬

苗木表								
植物种类	科名	属名	数量/株	生活型	常绿/落叶	胸径或地径/cm	冠幅/m	高度/m
二球悬铃木	悬铃木科	悬铃木属	2	乔木	落叶	63.0~64.0	12.0~14.8	11.5~13.0
合欢	豆科	合欢属	1	乔木	落叶	21.3	11.0	13.7
香樟	香樟科	香樟属	6	乔木	常绿	–	8.5	12.0
朴树	大麻科	朴属	3	乔木	落叶	14.6~19.5	6.6~7.0	8.6~12.2
无患子	无患子科	无患子属	1	乔木	落叶	10.6	6.0	5.8
玉兰	木兰科	玉兰属	2	乔木	落叶	–	1.8	3.7
小鸡爪槭	无患子科	槭属	6	小乔木	落叶	7.6	3.2	2.1
桂花	木犀科	木犀属	5	小乔木	常绿	–	2.5	2.7
紫叶李	蔷薇科	李属	1	小乔木	落叶	6.6	4.0	8.4
东京樱花	蔷薇科	樱属	3	小乔木	落叶	6.5~6.6	2.8~3.2	2.5~4.5
紫薇	千屈菜科	紫薇属	3	小乔木	落叶	–	3.0	3.2
绣球荚蒾	五福花科	荚蒾属	7	灌木	半常绿	–	4.0	2.5
茶梅	山茶科	山茶属	2	灌木	常绿	–	–	0.6
绣球	绣球科	绣球属	64.1m²	灌木	落叶	–	–	0.6
红叶石楠	蔷薇科	石楠属	246.4m²	灌木	常绿	–	–	1.1
南天竹	小檗科	南天竹属	73.3m²	灌木	常绿	–	–	1.1
锦绣杜鹃	杜鹃花科	杜鹃花属	17.5m²	灌木	常绿	–	–	0.5
吉祥草	天门冬科	吉祥草属	250.5m²	草本	常绿	–	–	0.4
麦冬	天门冬科	麦冬属	133.7m²	草本	常绿	–	–	0.3

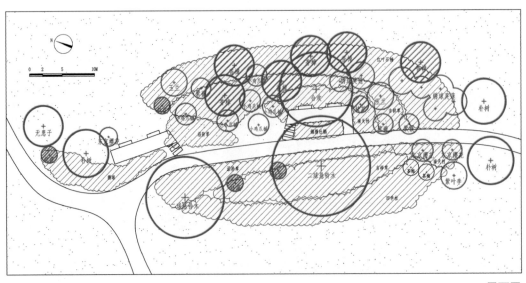

平面图

■ 古荡绿色广场

案例为公园内园路与河道之间的狭长绿带，宽5m左右。南侧绿带与城市道路相邻，以乔木林作为空间分隔的林带。植物材料简单，春季主要为红叶石楠、红花檵木，夏季为合欢，秋季是桂花。

色彩与季相：色彩与季相变化小。春季红花檵木与红叶石楠都是观赏红叶，色彩与质感上的差异小。视域范围内以常绿植物为主，且野迎春、桂花、红花檵木等植物的树冠形态都呈卵圆形，外形过于相似而缺乏变化，这是造成案例缺乏色彩与季相变化的主要原因。

形态与质感：整齐的地被变化小且显得拘谨。虽选用了飘逸的小鸡爪槭和婀娜的垂柳，但无合适的展现空间，无法展示其优美的形态与质感。

立面层次：视野范围内以郁闭空间以及树冠形态相似的植物为主，弱化了外围落叶乔木（小鸡爪槭、垂柳、合欢）的变化。

平面布局：植物布满绿地，狭长的通道带来压抑的感觉，整体空间略显局促。沿园路主要配置常绿植物，具有季相变化与形态变化的植物沿河岸配置，游览时的空间局促且变化小。

与环境的和谐性：案例位于河道边，但并未利用河道的景致组织空间合理的收放。

不足之处：外部形态过于雷同的植物配置后易形成统一的画面。若将此类植物用于近处、郁闭处，会有些呆板。若将此类植物用于外围、远处，则既能形成良好的背景和空间分隔，又能形成统一协调的画面。

案例小结：植物配置中的每一个因子都存在一些不足，如常绿植物占比大，植物之间色彩变化小，缺乏空间的疏密变化，灌木地被形式过于呆板等。最终造成季相变化小、整体效果差，这是所有微小不足叠加后的结果。

春

夏

秋

冬

苗木表								
植物种类	科名	属名	数量/株	生活型	常绿/落叶	胸径或地径/cm	冠幅/m	高度/m
合欢	豆科	合欢属	1	乔木	落叶	20.0	12.0	11.0
垂柳	杨柳科	柳属	2	乔木	落叶	28.0	7.2	7.9
桂花	木犀科	木犀属	2	小乔木	常绿	22.5	4.6	5.7
红花檵木（球）	金缕梅科	檵木属	4	灌木	常绿	–	2.7	2.5
红叶石楠（球）	蔷薇科	石楠属	5	灌木	常绿	–	2.4	1.5
南天竹	小檗科	南天竹属	99.1m²	灌木	常绿	–	–	0.4
野迎春	木犀科	素馨属	13.4m²	灌木	常绿	–	–	1.2
麦冬	天门冬科	麦冬属	81.8m²	草本	常绿	–	–	0.4

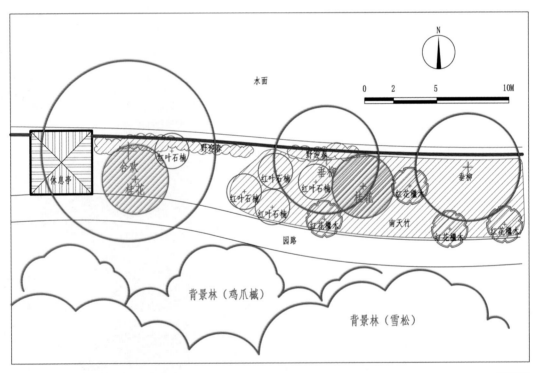

平面图

■ 金地自在城

案例位于金地自在城住宅小区河道边。面积412m²，有16种植物，以疏林、灌木、草坪为主要的树丛形式，直行园路穿过绿地。

色彩与季相：通过不同植物间色彩与形态差异营造色彩与季相的变化。选用植物分别适合于不同季节观赏，如春季观赏桃、红花檵木等植物的花，夏季观赏杨梅、苏铁的叶与树形，秋季观赏朴树、梅等植物的叶色，冬季观赏梅的花。虽然每个季节的观赏植物量并不多（1~2株），但在这样的尺度范围内足以形成一定的外部形态变化。

形态与质感：杨梅的树形有层次感，与大香樟的树形协调，与其他落叶乔木的树形形成反差，在初夏形成较好的景致。

立面层次：香樟、朴树、垂柳、梅、红枫、桃形成了丰富的立面层次。但球形的红花檵木与枸骨形态过于规整、体量过大，与空间内其他植物的外形风格不符且减弱立面层次的和谐度。估计这是为了建设初期的绿量而配置，建议在养护过程中及时调整。

平面布局：4株大乔木自然点缀，常绿大灌木围合空间，形成局部的疏林草地。常绿植物的围合减少外部空间的干扰，内部观花小乔木的配置体现空间变化与季相变化。桃因栽植于大香樟下，对光照的要求无法满足。估计这是由绿地建成后香樟长势过快引起的，需要在养护过程中及时调整。

春

夏　秋

冬

与环境的和谐性：案例位于道路边，利用下沉地形以及常绿大灌木的围合，减弱周边环境的干扰。

不足之处：一是植物之间体量的搭配不够协调，如梅和红花檵木球相比，红花檵木的体量过大，画面失衡。二是桃、梅栽种在大乔木边缘，因光照条件不够，开花状况不好。三是空间相对拥挤，原本设计的开合关系得不到充分体现。这些问题都是因为植物生长引起空间关系变化而产生的，不仅需要在设计初期充分考虑不同植物生长速度的差异，而且需要在养护过程中对植物不断梳理以保持空间关系的完美。

可借鉴之处：一是小空间内可以应用少量植物丰富季相变化。二是和谐的常绿大乔木与大灌木树形变化，是构成小空间立面骨架的有效方法。三是常绿大灌木是组织空间的重要植物材料。

苗木表								
植物种类	科名	属名	数量/株	生活型	常绿/落叶	胸径或地径/cm	冠幅/m	高度/m
香樟	香樟科	香樟属	2	乔木	常绿	25.0~41.0	7.8~9.4	9.2~13.0
朴树	大麻科	朴属	1	乔木	落叶	45.0	9.2	8.6
垂柳	杨柳科	柳属	1	乔木	落叶	14.6	6.6	8.6
黄山玉兰	木兰科	玉兰属	1	乔木	落叶	16.0	4.4	11.3

植物种类	科名	属名	数量/株	生活型	常绿/落叶	胸径或地径/cm	冠幅/m	高度/m
杨梅	杨梅科	香杨梅属	2	小乔木	常绿	14.6	3.4~6.6	2.8~8.6
红枫	无患子科	槭属	1	小乔木	落叶	9.5	4.6	3.3
梅	蔷薇科	杏属	4	小乔木	落叶	18.0~23.0	4.6~5.0	3.4~3.8
桂花	木犀科	木犀属	3	小乔木	常绿	23.0	3.0	3.0
桃	蔷薇科	桃属	3	小乔木	落叶	–	5.0	4.0
苏铁	苏铁科	苏铁属	8	木本	常绿	–	3.3	1.4
枸骨	冬青科	冬青属	2	灌木	常绿	–	2.2~2.5	1.7~1.8
红花檵木（球）	金缕梅科	檵木属	3	灌木	常绿	–	1.6~2.0	1.4~1.6
小叶女贞（球）	木犀科	女贞属	4	灌木	常绿	–	–	1.3
龟甲冬青（球）	冬青科	冬青属	2	灌木	常绿	–	0.2~1.0	0.9~1.0
花叶青木	丝缨花科	桃叶珊瑚属	44.0m²	灌木	常绿	–	–	0.6
麦冬	天门冬科	麦冬属	25.6m²	草本	常绿	–	–	0.3

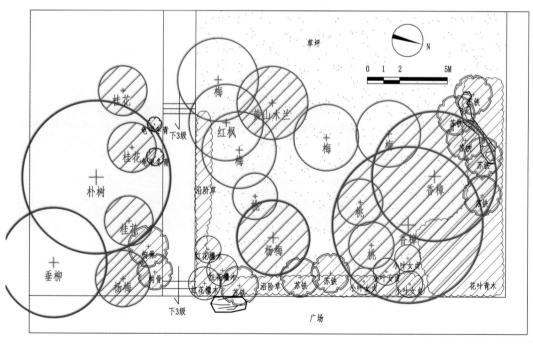

平面图

3.5　附属绿地案例及其分析

▦ 华家池

案例为位于浙江大学华家池校区华家池内的一处小岛。小岛模拟西湖风景区的风格，植物配置与曲院风荷 2 号案例类似，西侧几株湿地松构建立面的主体，重在利用植物的形态营造意境。空间变化重在疏密有致：西面湿地松林稍微松散，形成灰空间，东面密林守住通往小岛的曲桥，形成障景，中部是开放空间，整个岛上的空间形成黑、白、灰三个不同层次的序列。

色彩与季相：利用大乔木间的形态与色彩的变化来营造整体效果，季相变化虽然不大，但是整体黑灰的主色调符合其意境营造的需求，整体效果佳。

形态与质感：利用垂柳与湿地松的树形、色彩的差异营造画面，形成统一协调的景观，主体突出。

立面层次：以大乔木为主，简洁明了。立面的结构与主题的表达相符，比例关系和谐，林冠线优美。

平面布局：小岛将水面分成北、西、南三个主观赏面。北面利用树丛围合的开敞处，是小岛内相对私密的空间。西南角面对华家池最大的水域，布置大乔木林，

春

夏

不仅形成空间的分隔，而且成为亭子的背景、主观赏面的主景。

与环境的和谐性：华家池的设计整体模拟西湖边绿地，池边树木茂密，小岛中独具个性的湿地松林成为华家池的中心点，吸引岸边游人的视线，让人忽视周边的建筑，感

秋

冬

受到景色的美妙。

  可借鉴之处：一是植物景观的色彩与季相并非必须丰富，色彩只是辅助主题的表达工具。二是疏密有致的空间变化对于植物景观而言非常重要。三是立面的变化，特别是林冠线的变化与空间的变化息息相关。

苗木表								
植物种类	科名	属名	数量/株	生活型	常绿/落叶	胸径或地径/cm	冠幅/m	高度/m
朴树	大麻科	朴属	1	乔木	落叶	37.0	15.8	11.5
湿地松	松科	松属	9	乔木	常绿	28.0~38.0	7.5~9.5	9.0~12.0
黑松	松科	松属	4	乔木	常绿	25.0~32.0	7.5~8.7	9.0~11.0
珊瑚朴	大麻科	朴属	1	乔木	落叶	–	–	–
罗汉松	罗汉松科	罗汉松属	14	小乔木	常绿	–	3.0	5.0
鸡爪槭	无患子科	槭属	6	小乔木	落叶	–	5.0~7.0	4.0~5.5
四季竹	禾本科	少穗竹属	–	木质草本	常绿	–	–	2.4
芭蕉	芭蕉科	芭蕉属	49.2m²	草本	多年生	–	–	3.5
锦绣杜鹃	杜鹃花科	杜鹃花属	245.8m²	灌木	常绿	–	–	1.1
冬青卫矛	卫矛科	卫矛属	46.0m²	灌木	常绿	–	–	0.8
金森女贞	木犀科	女贞属	26.2m²	灌木	常绿	–	–	0.6
龟甲冬青	冬青科	冬青属	59.8m²	灌木	常绿	–	–	0.6
金丝桃	金丝桃科	金丝桃属	22.8m²	灌木	半常绿	–	–	0.6
红花檵木	金缕梅科	檵木属	100.9m²	灌木	常绿	–	–	1.5
南天竹	小檗科	南天竹属	299.2m²	灌木	常绿	–	–	1.3
芦苇	禾本科	芦苇属	101.1m²	草本	常绿	–	–	2.6
山麦冬	天门冬科	山麦冬属	12.6m²	草本	常绿	–	–	0.3
沿阶草	天门冬科	沿阶草属	–	草本	常绿	–	–	0.2

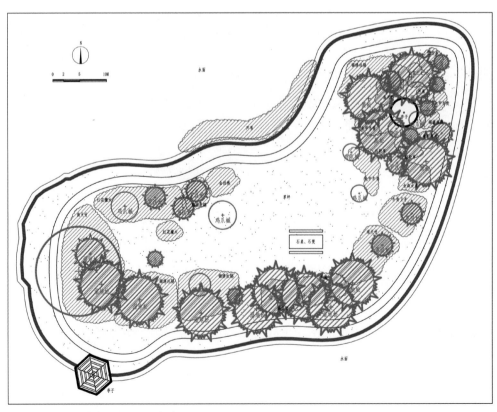

平面图

3.6 广场绿地案例及其分析

■ 运河博物馆 –1

案例为喷泉小广场边的植物配置。四边形的绿地里是环绕着湿地松树丛的梅林，四周分别配置了灌木与草本植物的混合花境。

色彩与季相：梅是主体，也是形成季相变化的主要植物材料。案例以冬季观梅为主，红色的梅花与松配置在一起，在色彩与个性气质上都十分协调。夏季，浓绿色与淡绿色组成的树丛，亦清新雅致。

形态与质感：梅与松的经典搭配展示了形态与质感的变化，形成统一协调而富有意境的树丛景致。

立面层次：梅的高度为松的 1/3~1/2，立面层次有变化且和谐。

平面布局：湿地松的点位较为松散，梅林穿插在松林中，留有生长空间，保证梅花的正常生长与开花，较为合理。四周均配置灌木和多年生草本植物组成的花境，但花境的植物组织与效果不太符合梅、松的外形及意境。

与环境的和谐性：树丛的北面是运河博物馆的另一块绿地，此处设计遮挡性较好的树丛，产生先抑后扬的效果，除自身可赏外，还起到了空间分隔的作用。整体而言充分考虑到了环境中的有利与不利因素。

可借鉴之处：一是树丛的植物选择与配置简洁而有意境。二是裸子植物树冠的密度一般较落叶乔木低，作为上层乔木可为中下层植物留出必需的光照空间。三是大乔木与小乔木两个层次的树丛，只要植物选择以及栽植密度合适，亦可作为空间分隔的有效方法。

春

夏

秋

冬

苗木表								
植物种类	科名	属名	数量/株	生活型	常绿/落叶	胸径或地径/cm	冠幅/m	高度/m
湿地松	松科	松属	8	乔木	常绿	22.0~23.0	4.6~6.0	10.5~13.1
罗汉松	罗汉松科	罗汉松属	3	小乔木	常绿	–	3.4	2.8
梅	蔷薇科	杏属	257.4m²	小乔木	落叶	12.0~13.0	4.0~5.5	4.3~7.0
银姬小蜡	木犀科	女贞属	6	灌木	常绿	–	1.3	1.2
枸骨	冬青科	冬青属	1	灌木	常绿	–	2.3	1.8
红花檵木（球）	金缕梅科	檵木属	3	灌木	常绿	–	1.5	1.3
龙柏	柏科	圆柏属	2	灌木	常绿	–	1.8	1.2
金边胡颓子	胡颓子科	胡颓子属	1	灌木	常绿	–	1.2	1.2
凤尾丝兰	天门冬科	丝兰属	3	灌木	常绿	–	0.8	0.8
美人蕉	美人蕉科	美人蕉属	1	草本	多年生	–	1.2	1.7
茶梅	山茶科	山茶属	26.3m²	灌木	常绿	–	–	0.6
南天竹	小檗科	南天竹属	–	灌木	常绿	–	–	0.7
阔叶山麦冬	天门冬科	山麦冬属	–	草本	常绿	–	–	0.4
紫叶酢浆草	酢浆草科	酢浆草属	–	草本	常绿	–	–	0.2
紫竹梅	鸭跖草科	紫竹梅属	–	草本	常绿	–	–	0.2

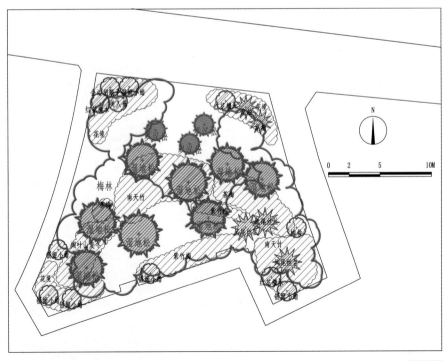

平面图

■ **运河博物馆 −2**

案例为运河广场边三面围合、一面敞开的草坪的植物配置。自北向南空间逐渐舒朗。

色彩与季相：春季垂丝海棠花色靓丽，夏季香樟与垂丝海棠、小鸡爪槭、榉树形成色彩的差异，秋季小鸡爪槭叶色灿烂，冬季浓密的香樟林与落叶乔木形成对比。四季皆有观赏价值，但是每个季节的观赏效果都不够完美。

春 夏

形态与质感：背景香樟林与其他植物形成较好的形态与质感的差异。但是修剪成形的无刺构骨、冬青卫矛等植物过于规整，与自然的乔木林带搭配不够和谐。

立面层次：立面层次丰富，但是林冠线缺少变化。中层小乔木小鸡爪槭和垂丝海棠的高度与层次过于接近。

平面布局：这是可供游憩的草坪空间，但缺少可供休息的林下空间，林缘线过于规整。

与环境的和谐性：东北面为高大的建筑体，背景树丛缺乏高度，遮挡力不够。

不足之处：一是东面需要遮挡，但植物空间西面更为密实。二是背景树丛林冠线缺少变化。三是过多的修剪灌木，与乔木林不和谐且占据活动空间。四是缺少最舒适的林下活动空间。

可借鉴之处：一是浓密的香樟林作背景足够厚实。二是大、小两种规格的垂丝海棠可以丰富立面与空间层次。

建议：一是东面增加乔木林，以遮挡建筑立面。二是背景林增加一定高度的落叶大乔木，形成优美的林冠线。三是西南面将林下的灌木与地被改为草坪，留出疏林空间，供游人休息。四是小鸡爪槭林与垂丝海棠林适当交错，丰富春季与秋季的空间层次。

秋　冬

苗木表								
植物种类	科名	属名	数量/株	生活型	常绿/落叶	胸径或地径/cm	冠幅/m	高度/m
香樟	香樟科	香樟属	2	乔木	常绿	–	8.6	10.0
榉树	榆科	榉属	2	乔木	落叶	–	8.0~10.0	7.3~12.4
罗汉松	罗汉松科	罗汉松属	1	小乔木	常绿	–	3.4	4.0
小鸡爪槭	无患子科	槭属	11	小乔木	落叶	10.5~16.0	6.4~7.0	5.0
垂丝海棠	蔷薇科	苹果属	8	小乔木	落叶	16.0~19.0	7.0	4.8~5.0
桂花	木犀科	木犀属	3	小乔木	常绿	–	3.4	4.0
苏铁	苏铁科	苏铁属	9	木本	常绿	–	2.6	1.1
枸骨	冬青科	冬青属	4	灌木	常绿	–	2.3	1.8
茶梅	山茶科	山茶属	1	灌木	常绿	–	–	0.6
金丝桃	金丝桃科	金丝桃属	62.0m²	灌木	半常绿	–	–	0.7
花叶青木	丝缨花科	桃叶珊瑚属	7.8m²	灌木	常绿	–	–	0.7
冬青卫矛	卫矛科	卫矛属	32.3m²	灌木	常绿	–	–	0.7
六月雪	茜草科	白马骨属	26.6m²	灌木	常绿	–	–	0.7
锦绣杜鹃	杜鹃花科	杜鹃花属	49.9m²	灌木	常绿	–	–	0.6
红花檵木	金缕梅科	檵木属	78.8m²	灌木	常绿	–	–	0.8
八角金盘	五加科	八角金盘属	13.7m²	灌木	常绿	–	–	1.1

植物种类	科名	属名	数量/株	生活型	常绿/落叶	胸径或地径/cm	冠幅/m	高度/m
金边黄杨	卫矛科	卫矛属	11.4m²	灌木	常绿	–	–	0.7
野蔷薇	蔷薇科	蔷薇属	7.2m²	灌木	半常绿	–	–	1.1
羽衣甘蓝	十字花科	芸薹属	29.3m²	草本	二年生	–	–	0.2
阔叶山麦冬	天门冬科	山麦冬属	41.7m²	草本	常绿	–	–	0.3
麦冬	天门冬科	麦冬属	17.8m²	草本	常绿	–	–	0.3

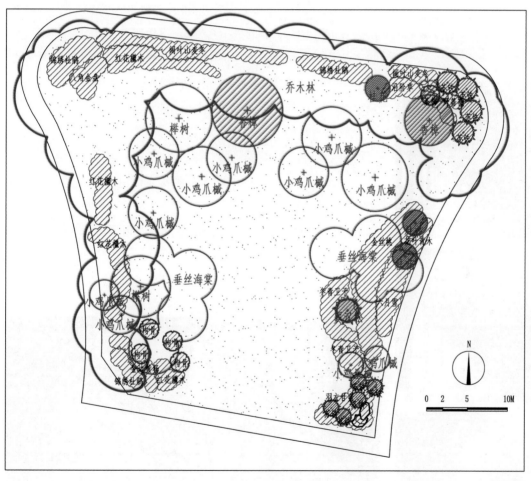

平面图

3.7　道路绿地案例及其分析

■　湖墅北路大关路口

案例位于城市主干道和河道之间，长条状绿带，面积455m²，物种总数 8 种，以密林 + 灌木地被为主要的树丛形式。面积不大，物种简单，配置方式简洁。

南面是城市主干道，北面是运河。长条状的绿化带和城市道路行道树、沿河园路行道树组成案例。

色彩与季相：东京樱花季相变化明显。春季，雪白的花朵在香樟浓绿的背景下显得更加瞩目；夏季，香樟、东京樱花、含笑花的叶色为不同明度的绿色，不仅减少了暑气，而且叶形的变化和叶色的变化共同组成了和谐画面；秋季，东京樱花的黄色树叶在香樟林下特别透亮，形成美丽的秋色叶景致；冬季，东京樱花叶全部掉落，作为背景的垂柳被引入画面。

形态与质感：在香樟大气宽广的树形的衬托下，东京樱花显得更为飘逸。樱花的洒脱与垂柳的柔美共同美化了河道景致。

立面层次：以观花小乔木为观赏主体的配置，层次简单而清晰。

平面布局：以列植为基本形式的植物配置，简单而局部有变化。

与环境的和谐性：沿河岸应用落叶乔木，满足游人夏季对

夏

秋

冬

春

遮阴、冬季对阳光的需求。

可借鉴之处：在简单的植物配置案例中，植物的选择尤其重要，主景植物的观赏价值与季相变化往往对整体效果起主导作用。

案例小结：植物配置虽然简单，但是东京樱花和香樟、垂柳的体量搭配十分和谐，东京樱花的季相变化又很好地融入香樟及垂柳的背景之中，配置巧妙。

苗木表								
植物种类	科名	属名	数量/株	生活型	常绿/落叶	胸径或地径/cm	冠幅/m	高度/m
垂柳	杨柳科	柳属	3	乔木	落叶	28.5~39.5	10.0~11.0	16.0
香樟	香樟科	香樟属	6	乔木	常绿	17.2~22.5	7.0~8.2	9.0
东京樱花	蔷薇科	樱属	8	小乔木	落叶	21.0~27.5	7.0~10.1	7.0~10.1
紫荆	豆科	紫荆属	4	灌木	落叶	–	–	3.0
木芙蓉	锦葵科	木槿属	2	灌木	落叶	–	–	2.5
含笑花	木兰科	含笑属	2	灌木	常绿	–	2.6	2.1
金丝桃	金丝桃科	金丝桃属	15.3m²	灌木	半常绿	–	–	0.4
麦冬	天门冬科	麦冬属	153.0m²	草本	常绿	–	–	0.2

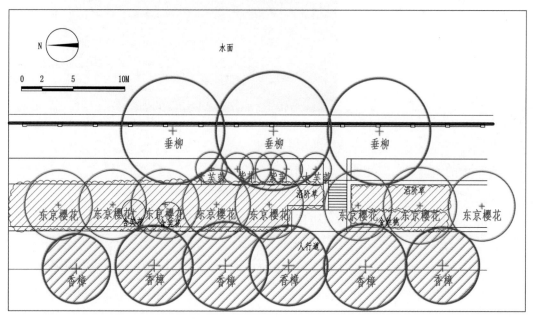

平面图

■ 天目山路古翠路口

案例为位于古翠路南、天目山路一旁的绿带。大乔木与小乔木混植的配置形式，既是河道绿地，又是道路绿地，还兼顾丁字路口的对景功能。

色彩与季相：植物种类丰富，三季有景可赏：春季海棠、红枫，夏季紫薇、夹竹桃，秋季桂花、木芙蓉。但是每一种植物配置的数量不够，无法产生理想的季相效果。相对而言，海棠的栽种面积较大，春季的观赏性尚可。

春

形态与质感：物种丰富，其形态与质感的变化也多，但是缺乏整体性与和谐度，大部分季节主体不够突出。

立面层次：主要观赏植物为小乔木，它们的高度变化小，形态差异不大，立面层次不明显。

平面布局：香樟树形宽广，林下光照弱，影响观赏小乔木的正常生长与开花。

夏

狭小空间内集中了海棠、紫薇、红枫、夹竹桃与木芙蓉等多种观赏小乔木，缺乏主次、空间、疏密的变化。

与环境的和谐性：案例处于城市道路丁字路口的一边，密林的配置减少了环境对路人视线的干扰。

不足之处：过于烦琐的小乔木应用，是导致主体不明显、立面层次不够等问题的主要原因。

建议：简化小乔木的应用，突出立面层次。取消林下的紫薇，增加海棠的数量；沿河岸密植夹竹桃和木芙蓉，作为背景植物；人行道一侧用桂花组织空间，林下栽种绣球等耐阴灌木。

秋

冬

苗木表								
植物种类	科名	属名	数量/株	生活型	常绿/落叶	胸径或地径/cm	冠幅/m	高度/m
香樟	香樟科	香樟属	2	乔木	常绿	44.0	8.4~13.0	12.0~13.4
泡桐	玄参科	泡桐属	1	乔木	落叶	15.0	11.4	13.5
全缘叶栾树	无患子科	栾树属	1	乔木	落叶	25.0~30.0	11.4~12.4	10.0~13.5
桂花	木犀科	木犀属	2	小乔木	常绿	–	3.0	3.5
紫薇	千屈菜科	紫薇属	2	小乔木	落叶	–	2.2	2.3
红枫	无患子科	槭属	1	小乔木	落叶	–	2.2	3.4
海棠	蔷薇科	苹果属	26.7m²	小乔木	落叶	–	–	6.0~7.0
木芙蓉	锦葵科	木槿属	6.2m²	灌木	落叶	–	–	2.9
夹竹桃	夹竹桃科	夹竹桃属	20.7m²	灌木	常绿	–	–	3.0~3.5
金边黄杨	卫矛科	卫矛属	63.8m²	灌木	常绿	–	–	0.6

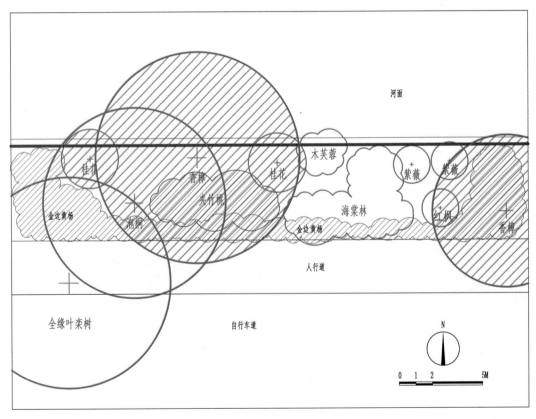

平面图

夏

▨ 中北桥

案例为位于环城北路北面的绿带，植物配置简洁有序，空间收放合理。

秋

色彩与季相：夏季海滨木槿的花以及秋季海滨木槿、小鸡爪槭的叶是形成色彩与季相变化的主要元素。为避免冬季过于萧条，海滨木槿四周用冬青卫矛与枸骨球环绕。

形态与质感：海滨木槿细腻的叶与向上伸展的枝条，与小鸡爪槭平展的树姿形成差异，两者的和谐依靠其相近的叶色达成。

立面层次：层次分明，大乔木、小乔木、灌木三个层次都指向海滨木槿这个主体，背景乔木林和灌木层对海滨木槿起衬托的作用，层次的比例关系和谐。

平面布局：空间开合有度。海滨木槿是观赏主体，同时还有空间划分的功能，避免鹅掌楸林荫下的活动空间受到城市道路的影响。

与环境的和谐性：案例处在城市中心，利用密实的树林营造私密空间，是避免空间干扰的好方法。

苗木表								
植物种类	科名	属名	数量/株	生活型	常绿/落叶	胸径或地径/cm	冠幅/m	高度/m
杂交鹅掌楸	木兰科	鹅掌楸属	3	乔木	落叶	19.3	8.0	8.6
香樟	香樟科	香樟属	4	乔木	常绿	26.0	8.4~8.5	8.6
荷花玉兰	木兰科	北美木兰属	1	乔木	常绿	21.0	4.8	10.0
小鸡爪槭	无患子科	槭属	2	小乔木	落叶	–	6.6	3.7
海滨木槿	锦葵科	木槿属	5	小乔木	落叶	–	5.5	4.7
含笑花	木兰科	含笑属	5	灌木	常绿	–	2.0	1.7
枸骨	冬青科	冬青属	5	灌木	常绿	–	2.0	1.8
金边黄杨	卫矛科	卫矛属	40.4m²	灌木	常绿	–	–	0.7

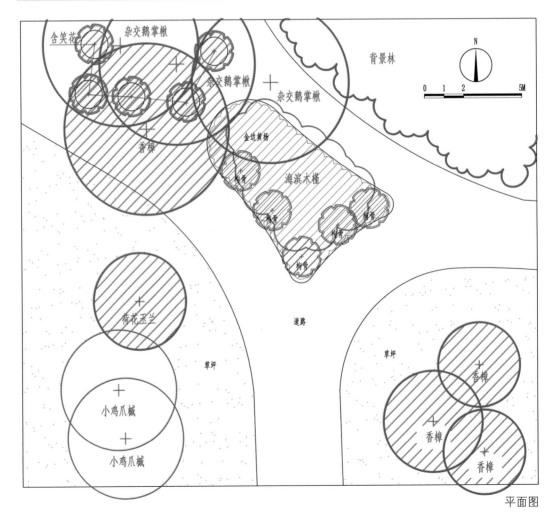

平面图

3.8 滨水绿地案例及其分析

■ 江滨公园 -1

案例为位于城市主干道边的长条状绿带，面积 1425m²，以疏林 + 地被 + 草坪为主要的树丛形式（背景林不在调查范围之内）。

色彩与季相：面积较大，应用观赏期长的物种是满足四季观赏的主要方法。其中小鸡爪槭、红枫、月季等观赏期可达春、夏、秋三个季节。春季，利用叶色、质感的变化与和谐进行配置，主要体现石榴枝干的质感；夏季，利用绿色统一树林，主要体现小乔木林的效果；秋天，利用小鸡爪槭的红色和石榴的黄红色，和谐中产生变化；冬季，展示香樟浓绿背景下落叶树的姿态。色彩搭配主要采用邻近色协调的方法，突出中层植物的观赏价值。

形态与质感：主要体现在冬季落叶植物的枝干与常绿植物形成形态、质感的对比。

立面层次：沿着道路外高内低的层次，符合城市道路景观的观赏要求。

平面布局：为兼顾城市主干道行车与行走时不同的观赏需求，背景植物配置的变化最大，小乔木变化次之，灌木和地被的变化尺度最小。

与环境的和谐性：用密实的乔木林为北面绿地围合出安静的休憩空间，减少城市道路对滨河绿地的干扰。

可借鉴之处：选择观赏期长或季相变化大的园林植物作为观赏主体，可以有效加强整体的季相变化和延长观赏期。

春　夏

秋　冬

苗木表									
植物种类	科名	属名	数量/株	生活型	常绿/落叶	胸径或地径/cm	冠幅/m	高度/m
香樟	香樟科	香樟属	2	乔木	常绿	25.0	8.0~8.8	7.8~10.0
秃瓣杜英	杜英科	杜英属	3	乔木	常绿	16.0~23.5	5.4~7.6	6.0~9.2
小鸡爪槭	无患子科	槭属	5	小乔木	落叶	16.0	5.4~5.6	6.0
红枫	无患子科	槭属	10	小乔木	落叶	6.0~9.0	3.0~4.2	2.0~4.0
石榴	千屈菜科	石榴属	–	小乔木	落叶	–	4.4	4.2
桂花	木犀科	木犀属	4	小乔木	常绿	–	3.2~4.4	3.2~4.4
圆柏	柏科	圆柏属	11	灌木	常绿	–	2.3	0.9
野迎春	木犀科	素馨属	47.0m²	灌木	常绿	–	–	1.2
金边黄杨	卫矛科	卫矛属	26.7m²	灌木	常绿	–	–	1.2
月季花	蔷薇科	蔷薇属	46.1m²	灌木	半常绿	–	–	0.6~1.7
丰花月季	蔷薇科	蔷薇属	39.6m²	灌木	半常绿	–	–	1.1
南天竹	小檗科	南天竹属	1.7m²	灌木	常绿	–	–	0.9
麦冬	天门冬科	麦冬属	81.8m²	草本	常绿	–	–	0.2

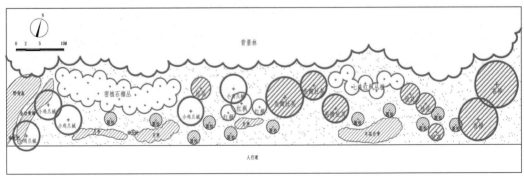

平面图

■ 江滨公园 -2

案例为位于闻涛路南侧的绿带。是以大乔木为主的植物组成的密林。

色彩与季相：春季和秋季的色彩与观赏性较好。春季日本晚樱盛开之时，粉红色与绿色营造出和谐美丽的色彩。秋季，日本晚樱的亮黄色在常绿树的衬托下更加突出。

形态与质感：春季与冬季，日本晚樱与常绿树形成形态与质感上的变化，营造统一而协调的密林景观。

立面层次：香樟的规格较小，立面上与东京樱花、秃瓣杜英基本在一个层次。整体林冠线略有变化，层次的比例关系尚可。但是香樟的生长速度与正常高度都大于日本晚樱，若干年后该案例现有的立面关系将被打破。

平面布局：香樟、秃瓣杜英、日本晚樱在同一区块内穿插种植，平面有变化且树丛整体性强。但香樟树长成后，将影响日本晚樱的生长。

与环境的和谐性：案例处在城市道路的一侧，应用密林能减少机动车行驶对环境的影响，是依据环境特点进行配置的案例。

不足之处：乔木层栽种密度过大，缺少生长空间。建议在养护过程中兼顾日本晚樱的光照需求，适当疏除生长势弱的植株。

春　夏

秋　冬

苗木表								
植物种类	科名	属名	数量/株	生活型	常绿/落叶	胸径或地径/cm	冠幅/m	高度/m
香樟	香樟科	香樟属	14	乔木	常绿	25.8	6.0	9.5
秃瓣杜英	杜英科	杜英属	9	乔木	常绿	18.0	5.2	6.4
深山含笑	木兰科	含笑属	8	乔木	常绿	–	5.0	6.5
垂丝海棠	蔷薇科	苹果属	10	乔木	落叶	–	7.0	5.0
日本晚樱	蔷薇科	樱属	9	乔木	落叶	18.9	6.4	6.4
桂花	木犀科	木犀属	11	乔木	常绿	–	4.0	4.0
含笑花	木兰科	含笑属	5	灌木	常绿	–	2.8	2.3
山茶	山茶科	山茶属	6	灌木	常绿	–	2.8	1.7
圆柏	柏科	刺柏属	12	灌木	常绿	–	2.0	0.9
麦冬	天门冬科	麦冬属	26.7m²	草本	常绿	–	–	0.2

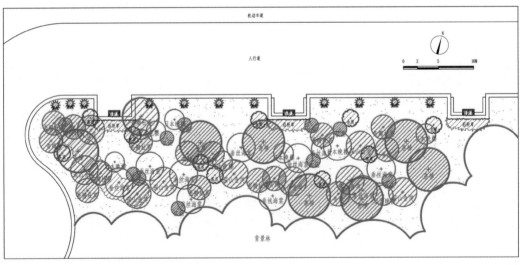

平面图

■ **清莎公园 –1**

案例位于滨河绿地主园路一侧，主要由大乔木和地被植物组成，配置简洁。大乔木呈行道树般栽植，中层常绿大灌木减少城市道路对游步道的干扰，底层灌木形成季相变化。

色彩与季相：不过多追求季节变化，周年观赏。应用二球悬铃木与小叶扶芳藤在春、夏、秋、冬季四季形态与色彩的变化上营造绿地的季相变化。秋、冬季，二球悬铃木的枝干与小叶扶芳藤的叶子是和环境极为协调的观赏对象；春季，观赏金丝桃；夏季，以浓荫为游人遮挡烈日。

形态与质感：卵圆形的桂花与舒展的二球悬铃木形成鲜明的对比，增加立面与形态的变化。

立面层次：层次分明，中层和底层均以常绿植物为主，中层配置桂花，底层配置小叶扶芳藤、吉祥草等，避免冬季过于萧条。

春

平面布局：植物配置有两个目的：一是视线引导；二是空间分隔。因此，未过多渲染植物的观赏性，选择常规树种，强调全年观赏效果的均衡性。行道树二球悬铃木的应用满足游人在滨河路上行走的需求；中层常绿植物桂花的应用形成空间分隔，避免城市道路的干扰。

夏

与环境的和谐性：运河上的古桥、运河边的建筑和河道是可借的景致，植物配置以简洁为主，引古桥入景。选择色调偏灰的植物材料与古桥相协调。二球悬铃木呈行道树般栽种，将视线引向远处的建筑和古桥。

可借鉴之处：嘉则收之，选择与环境风格、色彩协调的植物，营造整体简洁、大气的景致。

秋

冬

苗木表								
植物种类	科名	属名	数量/株	生活型	常绿/落叶	胸径或地径/cm	冠幅/m	高度/m
二球悬铃木	悬铃木科	悬铃木属	5	乔木	落叶	45.0~60.0	10.0~15.2	14.3
桂花	木犀科	木犀属	3	小乔木	常绿	–	4.1	4.0
皋月杜鹃	杜鹃花科	杜鹃花属	23.9m²	灌木	常绿	–	–	0.5
金边黄杨	卫矛科	卫矛属	7.5m²	灌木	常绿	–	–	0.5
金丝桃	金丝桃科	金丝桃属	16.7m²	灌木	半常绿	–	–	0.4
小叶扶芳藤	卫矛科	卫矛属	100.4m²	藤本	常绿	–	–	0.2
吉祥草	天门冬科	吉祥草属	92.3m²	草本	常绿	–	–	0.2
麦冬	天门冬科	麦冬属	110.0m²	草本	常绿	–	–	0.2

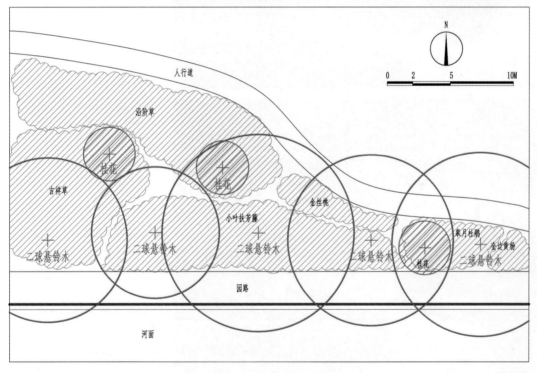

平面图

春

夏

清莎公园-2

案例位于紧邻城市道路的滨河绿地内，为主园路至次园路的丁字路口的植物配置。主园路和城市道路平行。乔、灌、草层次分明，以中层大灌木、小乔木为主要观赏对象，重点突出丁字路口植物配置的效果。

色彩与季相：主要观赏季节为春季，兼顾四季，通过不同季节观赏不同层次的植物体现季相的变化。主体植物选择观赏性强的落叶观花小乔木（紫荆和垂丝海棠），同时选择花期接近、花色相近的小乔木实现空间的协调与变化。不同季节观赏主体的变化营造出差异更大的季相变化。春季，底层的大花六道木鲜亮的嫩叶和紫荆的花色形成鲜明对比；夏季，二球悬铃木粗壮、斑驳的枝干在绿色中尤为突出，孝顺竹从其他植物中脱颖而出，呈现凉爽、干净的韵味；秋季，二球悬铃木的金黄叶色和大花六道木的小花成为观赏重点；冬季，阳光从斑驳、舒朗的枝丫中穿过，给了游人温暖，而密实的常绿灌木避免了树丛过于萧条。

形态与质感：密植的紫荆竖向的枝干像是户外的帘子，在空间中显得尤为突出、和谐。

立面层次：层次分明，重点突出。大乔木和小乔木的体量、尺度差异大，形成立面的变化和对比。

平面布局：高层大乔木以点状分布形成骨架，中层小乔木片状和点状配置相结合，底层灌木以密植为主，衬托中层植物，主体突出，空间富有变化。主要观赏植物以落叶树为主，但是外围和底层植物选择常绿植物，创造良好的绿量基础，整体富有变化而无萧条之感。

与环境的和谐性：案例东侧与城市道路相邻的绿带，选择香樟林、竹林和桂花进行空间分隔的效果明显，有效减弱城市道路对公园绿地的干扰。

秋

冬

可借鉴之处：一是少量大乔木形成空间的骨架，丰富立面层次。二是密植的紫荆在冬季和早春产生独特的视觉效果。三是外围和底层配置常绿植物，既为中层观赏植物留出种植空间，又避免冬季植物景观过于萧条。

苗木表								
植物种类	科名	属名	数量/株	生活型	常绿/落叶	胸径或地径/cm	冠幅/m	高度/m
二球悬铃木	悬铃木科	悬铃木属	3	乔木	落叶	64.0	13.5~17.6	17.2~21.3
垂丝海棠	蔷薇科	苹果属	3	小乔木	落叶	–	3.2~3.6	4.6~5.5
桂花	木犀科	木犀属	4	小乔木	常绿	–	4.1	4.0
孝顺竹	禾本科	少穗属	208.7m²	木质草本	常绿	–	–	4.9
紫玉兰	木兰科	玉兰属	18.5m²	灌木	落叶	–	2.0	2.0
紫荆	豆科	紫荆属	150.0m²	灌木	落叶	–	–	4.0
金钟花	木犀科	连翘属	145.0m²	灌木	落叶	–	–	1.8
南天竹	小檗科	南天竹属	165.0m²	灌木	常绿	–	–	1.2~1.8
大花六道木	忍冬科	糯米条属	124.5m²	灌木	半常绿	–	–	0.9
麦冬	天门冬科	麦冬属	173.0m²	草本	常绿	–	–	0.2

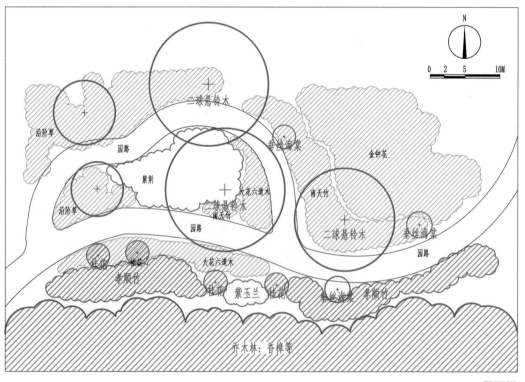

平面图

■ 清莎公园-3

案例为滨水小广场边的绿地，面积234m²，以密林＋灌木地被为主要的树丛形式。

色彩与季相：季相变化与色彩搭配主要通过不同物种间的搭配来实现。但是选择的植物以春季观赏为主，榉树的秋色不够亮丽，因此尽管所用物种数量多，但整体的季相变化不大。

形态与质感：春季桃、樱与其他大乔木形成形态与质感的变化，冬季落叶植物与常绿植物形成形态与质感的变化，但未经过有机的组织，在和谐度上有欠缺。

立面层次：大乔木与小乔木混植，立面层次不明显。

平面布局：栽种了十多株大、小乔木，导致需要强阳光的观花小乔木长势弱，影响了春季的观赏效果。

与环境的和谐性：位于小广场周边，密实的树林起到分隔空间的功能。

不足之处：一是植物选择上季相变化不够（夏季植物色彩也单一）。二是乔木栽种过密，影响观赏效果。

建议：增加东京樱花的量，将桃花改为东京樱花，去除南面两株东京樱花上的榉树，为东京樱花留出生长空间。

苗木表									
植物种类	科名	属名	数量/株	生活型	常绿/落叶	胸径或地径/cm	冠幅/m	高度/m	
榉树	榆科	榉属	2	乔木	落叶	15.0~17.0	6.3~8.0	7.8~9.4	
垂柳	杨柳科	柳属	2	乔木	落叶	36.0~37.0	7.6~8.3	11.3~12.8	
碧桃	蔷薇科	李属	1	小乔木	落叶	20.0	8.5	6.3	
东京樱花	蔷薇科	樱属	5	小乔木	落叶	–	4.2~6.5	3.2~7.7	
桂花	木犀科	木犀属	3	小乔木	常绿		3.8~4.7	3.4	
小鸡爪械	无患子科	械属	2	小乔木	落叶		3.0	3.0	
海桐	海桐科	海桐属	1	灌木	常绿		1.8	1.4	
锦绣杜鹃	杜鹃花科	杜鹃花属	43.0m²	灌木	常绿	–	–	0.6	
南天竹	小檗科	南天竹属	21.5m²	灌木	常绿	–	–	1.5	
常春藤	五加科	常春藤属	48.7m²	藤本	常绿	–	–	0.2	

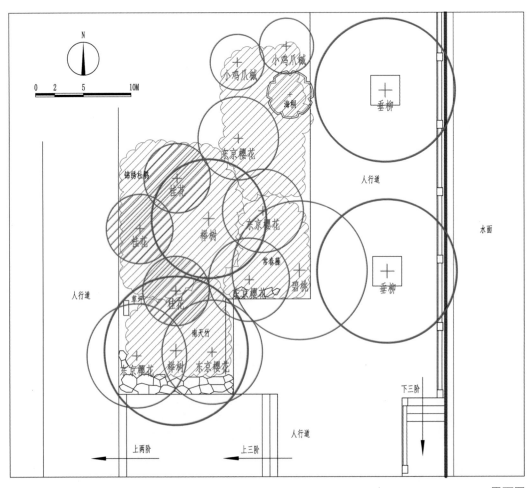

平面图

3.9 杭州四季观赏植物设计案例综合评价

为科学地对杭州四季观赏植物设计案例进行评价与分析,选取50个案例(城区37个、景区13个)进行调查与跟踪观察。

调查内容包括平面图的测绘与四季影像照片的拍摄。平面图的内容包括主要植物(木本植物)的规格(胸径或地径、高度、冠幅)以及所有植物的平面位置。乔木调查的数量特征指标包括种名、株数、胸径、高度、冠幅等;灌木调查的数量特征指标包括种名、株丛数量、高度、冠幅、种植范围等;草本地被调查的数量特征指标包括种名、平均高度、种植范围等;水生植物主要记录种名、高度、种植范围等。选择每个季节的最佳观赏期拍摄植物景观四季影像照片。

3.9.1 综合评价体系

选取综合评价法中的层次分析法(AHP法)对所选案例进行综合评价。层次分析法适用于对公园、居住区及道路绿地等园林植物景观的评价,特点是先将复杂的问题模糊化再分析,简单明了。[13-16]

综合评价体系见下表。

植物种植设计单元综合评价体系框架表		
总目标	准则层(评价要素)	对象层(评价因子)
A 植物景观单元综合评价	B1 美学效益	C1 色彩与季相的变化与和谐
		C2 形态与质感的变化与和谐
		C3 立面层次的变化与和谐
		C4 平面构图的合理性
		C5 与周边环境的和谐性
	B2 生态效益	C6 植物物种多样性
		C7 群落层次丰富度
		C8 乡土植物所占比例
		C9 三维绿量
		C10 适地适树(植物栽植位置的科学性)

如下表所示,根据植物种植设计的基本要求及植物景观的观赏特性[17-41],确定各个评价因子的等级含义及其分值。

序号	评价因子	等级含义及其分值
C1	色彩与季相的变化与和谐	能合理应用植物的色彩进行配置，季相变化明显，色彩搭配自然协调，给人愉悦的感受（7~9分）
		有色彩的搭配与季相变化，但树丛色彩的整体协调性不够或缺少变化，或变化过多而显得杂乱、主题不突出，或缺乏节奏与韵律，不够完美（4~6分）
		整体色彩凌乱，季相变化小，未从色彩的角度进行配置或设计，给人杂乱无章的感觉（1~3分）
C2	形态与质感的变化与和谐	合理利用植物不同的形态与质感进行配置，形成统一协调的树丛景观，主体突出，具有虚实与形态的变化与统一（7~9分）
		树丛具有形态与质感的变化，但是缺乏变化，或整体性不强，或主体不够突出，略显杂乱（4~6分）
		未考虑形态与质感的搭配，杂乱无章或者无主题（1~3分）
C3	立面层次的变化与和谐	立面层析分明，层次的比例关系和谐，层次结构与树丛的主题表达相符合，或整体协调，或主体突出（7~9分）
		立面有层次，但是层次的比例关系不够完美，层次的协调性不够，或主体不够突出（4~6分）
		立面层次混乱，层级结构与主题表达不相符（1~3分）
C4	平面构图的合理性	平面构图运用园林美学技巧，有疏密变化，与地形、园路、建筑、小品等有机结合；整体树丛具有空间的变化，统一、协调（7~9分）
		平面布置略有变化，与地形、园路、建筑、小品的融合性一般；走在园路上观赏树丛，缺乏节奏感，不美观（4~6分）
		平面布置无变化或者杂乱无章，植物配置与地形、园路、建筑、小品等毫无关系；走在园路上观赏树丛，无韵律感，或者无法形成视觉焦点（1~3分）
C5	与周边环境的和谐性	植物群落与整体环境和谐性好，相互映衬，轻重配置均衡，变化的趋势自然协调、有规律，整体上给人舒适和愉悦的感受（7~9分）
		植物群落与整体环境间具有一定的和谐性，能够相互映衬，轻重配置均衡性一般，有一定的变化和规律，给人的舒适和愉悦感不强（4~6分）
		植物群落与整体环境和谐性差，不能相互映衬，配置不够均衡，缺乏变化，整体上不能给人舒适和愉悦的感觉（1~3分）
C6	植物物种多样性	树丛的植物物种丰富，树丛由10种以上植物组成（7~9分）
		树丛的植物物种丰富程度一般，树丛由6~10种植物组成（4~6分）
		树丛的植物物种丰富程度较差，树丛由1~5种植物组成（1~3分）

各个评价因子的等级含义及其分值表

序号	评价因子	等级含义及其分值
C7	群落层次丰富度	群落结构丰富，具有乔木层、小乔木及灌木层、地被灌木层、地被草本层 4 个层次（7~9 分） 群落结构一般，只有乔木层、小乔木及灌木层、地被灌木层、地被草本层 4 层中的 3 层（4~6 分） 群落结构简单，只有乔木层、小乔木及灌木层、地被灌木层及地被草本层 4 层中的 2 层（1~3 分）
C8	乡土植物所占比例	树丛植物的地域特征明显，乡土植物种类占群落物种数的 75% 以上（7~9 分） 树丛植物的地域特征一般，乡土植物种类占群落物种数的 50%~75%（4~6 分） 树丛植物的地域特征差，乡土植物种类占群落物种数的 50% 以下（1~3 分）
C9	三维绿量	即三维绿色生物量，或称绿化三维，指绿地中植物生长茎叶所占据空间体积的量，以立方米（m³）为单位。分值通过计算得出
C10	适地适树（植物栽植位置的科学性）	全部植物都栽种在合适的位置，充分满足该植物对生态环境的要求，植物长势强（7~9 分） 部分植物（30% 以下）栽种的位置能够满足植物的生长要求，但是并非该植物最适宜的环境，植物生长正常，但是长势一般（4~6 分） 部分植物（30% 以上）栽种的位置能够满足植物的生长要求，但是并非该植物最适宜的环境，植物生长正常，但是长势一般；或者有植物栽种在不适合其生长的环境条件中，植物长势差，或现在长势尚可，但长期栽种后长势越来越弱（1~3 分）

其中：本文中，植物树冠立体形态主要根据调查时树木的立体几何形态确定。其与三维绿量的关系见下表。[42]

树冠立体几何形态及其三维绿量方程表

树冠立体几何形态	树种代表	三维绿量方程
球体、卵形体	樟、桂花	$\pi xy^2/6$
圆锥体、双圆锥体	刺柏、鹅掌楸	$\pi xy^2/12$
球扇体	合欢	$\pi(2x^3-x^2\sqrt{4x^2-y^2})/3$
圆柱体	二球悬铃木	$\pi xy^2/4$
球缺	棕榈	$\pi(3xy^2-2y^2)/6$
冠下绿量	高灌木、藤本	$\pi x^2(dy)/4$ $(d=0.618)$
方形体	地被植物（杜鹃、麦冬）	Sh

注：x= 冠径；y= 冠高（乔木、小乔木）、树高（灌木和藤本）；S= 面积；h= 高度（单位均为 m）

通过专家对评价要素和评价因子的重要性一一比较，对每个评价要素和评价因子之间的重要性进行评分、检验和计算。

利用层次分析法软件设计层次结构模型，将专家评分录入各判断矩阵，通过一致性检验后，得出每个评价因子的权重（见下表）。从结果可以看出，生态效益已经越来越受到重视。

评价因子的权重结果表		
总目标	准则层（评价要素）	对象层（评价因子）
A=1	B1=0.3917	C1=0.0472
		C2=0.0537
		C3=0.0545
		C4=0.1203
		C5=0.1160
	B2=0.6083	C6=0.0829
		C7=0.0986
		C8=0.1319
		C9=0.0979
		C10=0.1971

3.9.2 综合评价结果

整理案例测绘与照片资料，每个案例获取平面图一张以及春、夏、秋、冬每个季节具有代表性的照片各一张。专业人员根据资料对每个案例评分，将得分平均后，结合权重值，计算获得综合评价分值（其中 C6~C9 的得分由计算得出）。

经过评分与计算，50 个案例综合得分为 5.9~8.4，B1 美学效益得分为 2.0~3.2，B2 生态效益得分为 3.6~5.4（见下图）。城区案例所有得分均明显低于景区案例（见下表）。

案例得分基本情况表						
	A 得分	B1 得分	B2 得分	A 平均分	B1 平均分	B2 平均分
所有案例	5.9~8.4	2.0~3.2	3.6~5.4	7.2	2.6	4.6
城区案例	5.9~7.8	2.0~2.8	3.6~5.0	7.0	2.5	4.5
景区案例	7.4~8.4	4.4~5.4	3.6~5.0	7.9	3.0	4.9

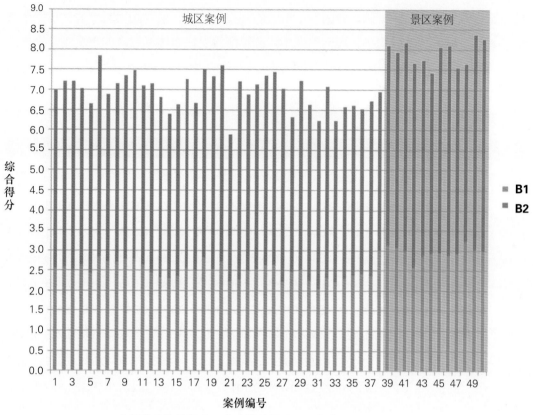

案例美学效益得分、生态效益得分以及综合得分图

3.9.3 综合评价结果分析

案例各个评价因子的平均分见下表。景区案例除了 C7 的得分比城区案例低，其他因子的得分均比城区案例高。其中，C9 的得分差值最大，是因为景区绿地建设早，植物规格总体比城区案例大。美学效益的评价因子中，C4 的得分差值最大，同时 C2、C3 的得分差值也比较大。

案例各个评价因子的平均分表										
	C1	C2	C3	C4	C5	C6	C7	C8	C9	C10
城区案例	6.42	6.13	6.02	6.14	6.81	6.76	8.05	8.62	5.86	7.10
景区案例	7.20	7.48	7.41	7.55	7.87	7.38	7.15	8.85	8.00	8.14
得分差值	8.7%	15.0%	15.4%	15.6%	11.8%	6.9%	−10.0%	2.5%	23.8%	11.5%

注：得分差值 =（景区案例得分 − 城区案例得分）/ 9（满分）*100%

从综合评价的结果分析，景区案例在美学效益和生态效益方面均优于城区案例。美学效益的差异主要在平面构图、立面层次、形态与质感三个方面。景区案例的群落层次的丰富度明显低于城区案例，原因有：景区的观赏尺度大，植物配置时更关注与山水之间的关系；城区绿地面积小，观赏尺度小，植物配置更注重树丛层次的丰富度。评价结果中，景区案例 C7 的得分明显低于城区案例，而景区案例 C3 的得分明显高于城区案例，说明城区案例中立面层次的变化比较大或者丰富度比较高，但是立面层次的和谐度不足。

对案例的评价因子、评价要素和综合得分进行 R 型聚类，其两两相关度（r）见下表。

相关度矩阵表												
	C1	C2	C3	C4	C5	C6	C7	C8	C9	C10	B1	B2	A
C1	1.000	0.726	0.611	0.596	0.651	0.247	0.022	0.118	0.021	0.633	0.728	0.326	0.572
C2	0.726	1.000	0.931	0.875	0.846	0.233	−0.019	0.197	0.257	0.836	0.952	0.496	0.794
C3	0.611	0.931	1.000	0.868	0.838	0.170	−0.022	0.248	0.329	0.798	0.936	0.499	0.788
C4	0.596	0.875	0.868	1.000	0.871	0.209	−0.078	0.235	0.288	0.835	0.946	0.485	0.781
C5	0.651	0.846	0.838	0.871	1.000	0.159	−0.185	0.232	0.325	0.842	0.936	0.441	0.749
C6	0.247	0.233	0.170	0.209	0.159	1.000	0.657	0.421	−0.116	0.173	0.206	0.748	0.595
C7	0.022	−0.019	−0.022	−0.078	−0.185	0.657	1.000	0.191	−0.305	~0.146	−0.086	0.502	0.296
C8	0.118	0.197	0.248	0.235	0.232	0.421	0.191	1.000	0.154	0.273	0.233	0.602	0.498
C9	0.021	0.257	0.329	0.288	0.325	−0.116	−0.305	0.154	1.000	0.334	0.313	0.450	0.455
C10	0.633	0.836	0.798	0.835	0.842	0.173	−0.146	0.273	0.334	1.000	0.875	0.527	0.771
B1	0.728	0.952	0.936	0.946	0.936	0.206	−0.086	0.233	0.313	0.875	1.000	0.503	0.816
B2	0.326	0.496	0.499	0.485	0.441	0.748	0.502	0.602	0.450	0.527	0.503	1.000	0.905
A	0.572	0.794	0.788	0.781	0.749	0.595	0.296	0.498	0.455	0.771	0.816	0.905	1.000

注：当 $|r| \geqslant 0.8$，视为高度相关；$0.5 \leqslant |r| < 0.8$，视为中度相关；$0.3 \leqslant |r| < 0.5$，视为低度相关；$|r| < 0.3$，说明变量之间相关程度极弱，可视为不相关

相关度矩阵表明，评价因子中 C2、C3、C4、C5、C10 与 A 的相关度较高，C7 与 A 的相关度最弱；B1 与 C2、C3、C4、C5 的相关度最强，与 C6、C7 的相关度较弱；B2 和 C6、C8 的相关度最强，与 C1 的相关度最弱。

美学效益的各个因子中，C2 与美学效益其他因子的相关度最高；C1 与美学效益其他因子的相关度最低；C2 与 C3 的相关度最高。生态效益各个因子中，C6、C7 与生态效益其他因子的相关度最高，C6 与 C7 的相关度也最高。生态效益各个因子中与美学因子的相关度最高的是 C10，高于 C1 与其他美学因子的相关度。分析原因，可能是有许多案例因为植物种植位置不合适，影响植物的健康生长，导致观赏价值降低。

根据各评价因子之间的相关度比较与分析，可以得到以下结论：①若要提高案例的美学效益，采用提高案例色彩与季相的和谐度以及形态与质感的和谐度的方法将非常有效；若要提高植物景观的形态与质感的变化与和谐度，可以通过增强植物景观立面层次的变化与和谐度来实现，在设计或者施工过程中立面层次比形态与质感的改变更容易操作或检验。②若要提高案例的生态效益，采用提高植物的物种多样性、乡土植物所占的比例以及植物种植位置的科学性的方法将非常有效。③虽然在权重值的评分中，生态效益比美学效益更为重要，但从案例最终的评价结果来看，美学效益的各个评价因子与综合评价分值的相关性较生态效益的各个评价因子高，说明案例之间主要的差距在于美学效益而非生态效益。

3.9.4 综合评价分值的 Q 型聚类结果与分析

层次聚类分析是根据观察值或变量之间的亲疏程度，将最相似的对象结合在一起，以逐次聚合的方式，将观察值分类，直到最后的样本都聚成一类。Q 型聚类是使具有共同特点的样本聚齐在一起，以便对不同类的样本进行分析。[43]

根据案例的美学效益得分、生态效益得分以及综合得分，对 50 个案例进行六类聚类（见下表）。结果显示，得分最高的第一类案例（6 个）均为景区案例；得分次高的第二类案例（11 个）中，6 个是景区案例，5 个是城区案例；第三类案例（17 个）、第四类案例（13 个）均为城区案例；第五类案例（2 个）中，1 个是景区案例，1 个是城区案例；第六类案例（1 个）为城区案例。

50 个案例六类聚类结果表			
	A 得分	B1 得分	B2 得分	案例号
第一类案例	8.1~8.4	2.9~3.1	5.0~5.4	39、41、45、46、49、50
第二类案例	7.3~7.9	2.6~3.1	4.4~5.1	6、9、10、18、20、40、42、43、44、47、48
第三类案例	6.9~7.4	2.2~2.6	4.4~4.9	1、2、3、4、8、11、12、16、19、22、23、24、25、26、27、29、32
第四类案例	6.2~6.8	2.0~2.5	4.0~4.5	5、13、14、15、17、28、30、31、33、34、35、36、37
第五类案例	6.9	2.7、3.0	4.1、3.9	7、38
第六类案例	5.9	2.2	3.6	5

从聚类结果看，景区案例的植物配置水平明显高于城区案例。对第二类案例的 B1 和 B2 得分分析，城区案例的美学效益得分为城区所有案例中最高，但是依旧低于该类中景区案例的美学效益得分。这说明，城区案例与景区案例的主要差距在美学效益上。

3.10 杭州四季观赏植物配置存在的问题

3.10.1 城区案例与景区案例存在的差异

杭州城区植物配置弱于景区植物配置，这是业内人士一直以来的共识，但是尚未采取科学的方法对此进行评估和评判。通过此次 50 个案例的调查与综合评价，虽已基本了解城区植物配置与景区植物配置的主要差距，但更为具体的原因还需要进一步分析和研究。

从案例综合评价结果看，城区案例的美学效益明显低于景区案例，这在 5 个评价因子中均有体现。鉴于 C2 与 C3 的相关度高，城区案例美学效益存在的主要问题在于 C4 以及 C3 的得分偏低，这两个评价因子恰恰是植物种植设计过程中最为重要的。这两个评价因子得分偏低的原因可能是营造植物空间时疏密变化不够以及应用的植物规格不合理等，还需要深入研究。

景区案例与城区案例生态效益各评价因子的差异，比美学效益各评价因子的差异复杂。城区案例 C7 的得分较景区案例高，C9 的得分较景区案例低很多，这个原因在前文已经阐述。生态效益中，值得关注的是城区案例 C10 的得分较景区案例低很多，而 C10 又是与美学效益各评价因子相关度最高的一个因子，说明城区案例在植物种植的科学性上比较薄弱。这可能是造成城区案例美学效益得分低的重要原因之一。

3.10.2 杭州植物配置存在的主要问题

从 50 个案例各评价因子的得分情况看，杭州园林绿地植物景观主要问题出在色彩与季相的变化与和谐、形态与质感的变化与和谐、植物物种多样性以及植物种植位置的科学性上，建议在今后的植物种植设计以及园林绿地提升改造中首先从这几个方面着手。

3.10.3 有效提高植物配置水平的方法

在美学效益的各评价因子中，C2 与 C3、C4、C5 为高度相关，与 C1 为中度相关。因此，如果在植物种植设计过程中着重考虑 C1 和 C2 两个因子，是否可以取得事半功倍的效果？这是值得进一步研究的。

生态效益各评价因子之间的相关度不是很高，但是案例中出现的问题主要集中在 C6 及 C10 这两个因子上。因此，在植物种植设计过程中，需要更多地关注植物物种的多样性以及植物种植位置的科学性。

第4章 植物景观的季相设计

园林是指在一定的地域运用工程技术和艺术手段，通过改造地形（或进一步筑山、叠石、理水）、种植树木花草、营造建筑和布置园路等途径创作而成的美的自然环境和游憩境域。[44-47]

植物景观设计是自上而下对设计目标与元素逐步明确、清晰、完善的过程。在这个过程中，通过完善地形、园路、建筑小品、植物等元素，平衡空间、色彩、立面、季相变化、意境等达到预期的效果。

杭州植物园分类区雪后的春深亭

顾名思义，四季植物景观设计是将季相这个因素贯穿在整个设计过程中的植物景观设计方法。不同季节中植物的不同变化往往让人产生浓郁的情绪感，最容易触动人对于生命的感悟。这种通过自然界生命轮回表达主题与意境的方法，既是对中国古典园林艺术的传承，又可实现现代园林承担的生态功能和服务功能。

4.1 设定目标

通常的规划设计在设定设计目标阶段很少会考虑季相这个因素。然而植物不同季节的状态却是影响环境整体氛围的重要因素。在设计初期对植物的季相效果有清晰的定位，不仅能促进总体目标的完成，还能更深层次地表达作品思想，在更多维度让人产生共鸣。因此，四季植物景观设计首先是确立意境目标，这个目标包含了主题、风格、季相等方面的内容。

中国传统文化与艺术对中国人的哲学思想与审美产生了巨大的影响，特别是在艺术作品的思考、表达与欣赏上。植物一直是中国画、诗词表现的主体，作者们利用画外、诗外的植物之音表达对生命最深层的真与妙的感悟。在园林之中，植物之香、影、露、雾等真实的时空变化是表达主题最恰当的元素。植物在中国传统艺术中被赋予各种不同的品格，这些植物就像不同性格的人物一样，被安排在园林的不同空间里述说着自己的故事。梅花的傲、荷花的洁、桂花的朴在不同的季节中通过各种方式表达着空间里的冷寂、清净、平实，讲述着园子里的故事。

杭州的曲院风荷公园是以植物季相进行主题表达的公园。"曲院"是指南宋时有宫廷酒坊在此，"风荷"是因此处栽种荷花、适合赏荷而得名。酒与荷在此处完美结合，酒因荷而更香，荷因酒而更妙。旧时的曲院风荷只剩一碑一亭半亩地。现在的公园位于宝石山以南、杨公堤以东，被岳庙、苏堤、郭庄、植物园环绕，占地 14hm^2。顾名思义，公园的主题是夏季的荷香与酒香。"接天莲叶无穷碧，映日荷花别样红"成了公园景观设计的目标。因荷之出淤泥而不染，公园的风格便是清雅与别致。公园以夏季赏荷品酒为特点而区别于西湖边的其他景点，其主要观赏季节是夏季。

曲院风荷风荷池迎熏阁

4.2　总体规划

总体规划是依托于目标，在确立文化、境、物种等的基础上，建立包括空间、游线组织、与周围环境的关系等内容的总体框架。

4.2.1　文化展现

文化是一个地方区别于其他地方的重要因素，它具有特殊性和惟一性，对于公园绿地而言尤为重要。城市的特质、公园的特质都需要文化的支撑。中国传统艺术的目标往往与怀乡、安心、言志、自在等相关，而这些内容均可以通过植物景观表达。

挖掘本土文化以及与主题相关的文化内涵，提升植物配置与主题、文化的契合度，建立与主题风格相符合的空间、立面、色彩、形质、季相，是展示公园特色、提高公园品质的重要方法。在文化的挖掘与展示中，植物与主题的形神统一以及植物景观四季的均衡非常重要。深入研究植物文化，并与本土其他文化相融合、利用植物文化表达园林主题是建立公园特色的有效方法。植物的季相变化非常大，在挖掘植物文化的同时，平衡植物景观的四季效果亦非常重要。这是在展现公园文化时需要特别关注的内容。

杭州西湖风景名胜区内公园绿地多，应用的主要植物种类差异不大。但每个公园绿地都有独特的风格，植物景观差异大。其主要原因就是每块绿地的历史不同，展示的文化内涵不一样，最终每个公园营造的植物空间以及植物季相有着各自的特点。

曲院风荷是以夏季为主要观赏季节的一个素雅而宁静的公园。酒文化与荷文化是曲院风荷的两大主题，两者都离不开水，因此水系就成了这个公园文化展现的重要载体。水体的形式、水系与周围山水的关系、水系与绿地的空间关系等，都是影响空

以"花""港""鱼"为主题的花港观鱼

富有自然野趣的茅家埠

"一色湖光万顷秋"的平湖秋月

湖中有岛、岛中有湖的三潭印月

曲院风荷雪后的玉带晴虹桥

间最终展示效果的重要因素，也是曲院风荷公园的重要特点。

4.2.2 境的体现

春山烟云连绵，人欣欣；夏山嘉木繁阴，人坦坦；秋山明净摇落，人萧萧；

冬山昏霾翳塞，人寂寂。

——宋·郭熙《林泉高致》

特定环境下（包括地形地势），植物在特定季节、特定天气下产生的时空变化即植物景观的"境"，是最易引发生命感悟的景象。"境"的体现，在于地形地貌与植物空间的结合、与植物季相变化的结合、与特殊天气条件的结合。自然中的各个属性有机结合后，形成以植物为主体的特殊的能展示生命体验的"境"。

"境"的营造与诗画的实景再现相似。在设定目标、理解主题与承载的文化内涵后，"境"对地形地貌、空间形式、季相特点、情绪表达等植物景观的内容有了更为具象的要求。因地制宜分析各个环境因子，"境"的目标就会越来越清晰，这个目标更为细致地描绘出画面的最终效果。

晴西湖不如雨西湖，雨西湖不如雾西湖，雾西湖不如雪西湖。西湖夏季的雨雾以及冬季雪后的"玉带晴虹"，是特定空间、时间里的特殊景象。夏季的云雾中，远山、堤岸、植物在空蒙的湖面上若隐若现，水天一色中粉色的荷花在碧绿的叶片中穿梭着，被雾气飘染，整个西湖像是一幅青色的山水画。冬季雪天中的远山、亭子与零星的枯荷，在苍茫中展示着生命孕育中的平和力量。

2010 年 12 月 16 日的雪让植物同一天展现秋、冬两季的景致

在这个场景中，雨雾、雪、山水、堤岸与植物成为构建"境"不可替代的元素，而其背山面水的朝向亦起到至关重要的作用。自北向南水面由小至大，中间由堤岸与桥相隔。逆光下，水面更空蒙，远山更迷离，更为神秘。

4.2.3 物种规划

根据设计目标、环境条件、本土文化、"境"的类别、季相要求等做好物种规划是体现最初设计意图的必要方法。物种规划要确定基调植物，主要观赏植物，常绿与落叶树种的比例，乔、灌、草的比例等，还需要完善各个季节观赏植物的比例、植物文化与园林主题之间的联系、物种性格与本土文化的关系等。

选择与主题相符的植物材料。根据主题的要求，从植物的性格、文化、色彩、体量、形态、质感、季相变化等方面寻找合适的物种；确定合理的常绿与落叶树种的比例，乔、灌、草的比例，每个季节观赏植物的比例等关系。

选择以乡土植物为主的物种。为确保植物长期稳定的健康生长，植物群落以相对稳定的状态存在于园林之中，主要选择适应当地土质、降水量、温度、光照等环境条件的本土植物，合理配比外来物种。以异域风情为主题的园林空间，可以

掬月亭边的竹、梅和蜡梅在植物文化、色彩、形态、季相上完美融合

适当增加外来植物的物种数量，但仍需对外来植物对环境的适应能力以及入侵危害进行科学评估。

为营建四季可赏的植物景观，在物种规划阶段需要更多地关注植物的季相变化。

选择季相变化丰富的物种或观赏期长的物种可以延长植物景观的观赏期。如山茱萸科的植物，花、果、叶、姿都可观赏，季相变化极为丰富，适合应用在多季节观赏的植物景观中；月季等花期长的物种，虽然季相变化不大，但是观赏期长，同样十分适合应用在多季节观赏的植物景观单元。

山茱萸的花　　　　　　　　　　　　　　　　山茱萸的果

选择不同观赏期的植物亦可增加植物景观的观赏期。应用不同季节的观赏植物或者多品种（错开花期）的观花植物都可以延长植物景观的观赏期。特别是专类植物花园，往往是在充分考虑各个品种的花色花期后进行植物景观的规划设计。

物种规划时，除了考虑符合主题、适地适树、季相与时序变化等因素之外，还需要规划植物的规格、生态效益、功能需求等。不同规格的植物体量不同，植物规格的控制是决定空间比例与尺度关系的重要因素，亦是营建优美立面的必要条件。不同的园林绿地有不同的生态与使用功能需求，与物种选择紧密相关。例如，不同的物种会吸引不同的鸟类与昆虫；不同的物种对环境污染的缓解作用不同；儿童游乐区域不可选择有毒有刺植物；康养花园需要有针对性地选择对治疗疾病有帮助的植物；湿地修复公园主要选择生态修复能力强的物种。

曲院风荷的主题植物是荷花。为体现荷花的出淤泥而不染，选用松、柳、樟、槭等树姿潇洒大气的乔木，营造以绿色为主的色彩环境，衬托荷花的娇嫩与清纯。荷花在中国被赋予独特的品性，在其开放之时不需要其他观花植物来烘托。因此，公园除水中的荷花外，陆地上的观花植物甚少；夏季以观荷花为主，其他季节皆以观赏树木本身的姿态、色彩为主。

在规划阶段，物种的精准选择可以避免在后期设计时偏离方向。所以，在物种规划之后，建议根据设计目标进行主题分析、季相分析，以验证是否达到要求。

4.2.4 整体结构

曲院风荷春季风荷池

曲院风荷夏季风荷池

园林的整体结构就像是一篇文章、一幅画、一首曲子的构架，是决定整体氛围、表现形式的重要因素。山水构架、空间序列、游览节奏等都是整体结构中的重要设计因子。

主题，与周边道路、山体、水体的关系，土方就地平衡等都是确定山水构架时必须考虑的因素。"俗则屏之，嘉则收之"，因地制宜地利用环境因子，自外而内顺应自然规律的山水衔接过渡以及空间的收放节奏是总体规划中的首要任务。这个阶段重在地形的塑造与空间的规划。

杭州的花港观鱼、曲院风荷、太子湾、湖滨等公园无一不是在原有地形地貌的基础上，依山就势，通过山水构架的完善进行地形的改造。

曲院风荷公园位于宝石山以南，背山面水，被杨公堤、苏堤、西里湖围绕。公园主题决定水体变化在空间与结构中占主导地位。大面积开阔的水面（岳湖）、以堤

三面环山、水中三岛和两堤是西湖的山水构架

岛组织空间的中型水池（风荷池）、蜿蜒曲折的溪流，不同形态的水体结合各具特色的植物景观形成了曲院风荷的整体构架。岳湖景区位于公园东面，与苏堤相接。自西向东水面逐渐开阔，以远山为背景、风荷景区与曲园景区的植物为中景、大面积片植的荷花为前景，形成山水相接、接天莲叶无穷碧的荷花景致。风荷景区于公园的中心地段，自

北向南地形逐渐平缓。堤、桥联系着各个半岛的浓密植物，变化的水岸线形成多个迂回的空间，互相穿插包容的水体和植物的虚实变化，给人丰富的想象空间。荷花点缀在树丛前，夏季与背景植物、宝石山形成自然的前景、中景和远景，深远而意味无穷。风荷景区之南富有自然野趣的密林景区，挺拔潇洒的水杉林与交错的溪流形成了幽静的休憩空间，与风荷景区的植物景观形成对比。

岳湖中的荷花与山水

风荷池中迂回的水面空间

花港观鱼公园位于西山与苏堤之间，三面环水一面山，原始地形为西北高、东南低，水体的自然趋势即从西山汇集至西湖。由此，公园的山水逻辑十分清晰。水自西山汇集，通过港道从北、中、南三处流入西湖。山中部高，向四周平缓，直至小南湖和西里湖。

"起承转合"通常指文章结构的章法，但同样适用于形容园林空间。游览园林的过程就像是阅读一篇文章或者欣赏一首乐曲，园林的结构在一定意义上是空间序列的节奏。空间的收与放、山水与地形的变化、植物群落结构、植物配置风格等都是决定空间序列的重要因素。园林作品就是通过空间之间开合关系、地形、色彩、植物、视距与视角、光影等变化演绎故事、演奏乐章。空间序列除了体现在空间的关系之外，还有园路走向。园路联系着公园的各个空间，不仅是贯穿园区的工具，更重要的是在游览过程中引导游人视线与情绪、控制节奏。在总体规划阶段，园路的走向与空间的关系决定了最终的空间序列，决

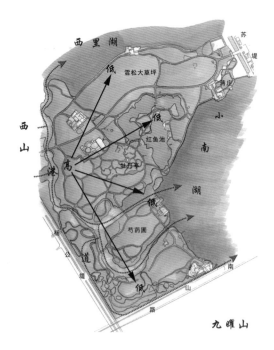
花港观鱼山水构架平面示意图

意犹未尽的水湾

定了游览的节奏，也影响着空间带来的情感变化。

"山重水复疑无路，柳暗花明又一村。"空间的开合变化在抑扬顿挫之中展示丰富和感人的世界，也在悄无声息之间完成主题与情绪的转换。一个个空间通过园路联系在一起，形成空间的序列。"宛若游龙，飘若惊鸿"是书法推崇的最高境界，亦是园林空间序列的至高追求。[43] 随着园路的曲折变化，一个个连贯而有变化的空间在联系中转换，气韵生动之间描绘出公园空间的势，演奏着含蕴丰富的乐章。各个空间的联系、分隔与渗透是空间序列中重要的控制内容，就像是书法中的笔断而意不断，空间的运势是园林艺术中重要的设计元素。

山水是中国传统文化追崇的自然之象，也是园林不可缺少的重要元素。地形的变化不仅营造出丰富的山水空间，而且通过视角、视距的变化影响空间给人的层次感，营造出富有诗意的山水境界。

"山欲高，尽出之则不高，烟霞锁其腰则高矣。水欲远，尽出之则不远，掩映断其流则远矣。"通过地形与其他园林要素的结合，

喀拉峻草原地形变化营造出的山水空间

可以在有限空间的渗透和分隔中营造出
无尽的风景。"自山下而仰山巅，谓之
高远。"园路通过一段密闭空间走向山
脚，再仰望山巅，增强山的宏伟，有"高
远"之意。"自山前而窥山后，谓之深
远。"蜿蜒的林缘线穿过交错起伏的地
面，消失在尽头的树林可以丰富空间层
次，产生"深远"意境。"自近山而望
远山，谓之平远。"在空旷之处的尽头，
起伏的地形结合增强层次感的植物或园
路、构筑物，可以营造"平远"的空间感。

交错起伏的地形结合浓重的裸子植物，在狭小的地
块中营造出"深远"的意境

　　曲院风荷环绕着开放的岳湖，自北向南依次是竹素园、风荷景区和密林景区。从精
致的山石盆景到自然山水，压力逐渐释放，先用巧匠的魅力吸引视线，然后展现植物与

山水结合的自然之趣，继而进入更无雕琢
的树林，在不知不觉中眼睛和心灵都进入
逐渐放松的状态，人与自然融为一体。空
间序列依次为精致的小空间—多变的水空
间—舒缓的乔木林空间。以展示酒文化为
主的曲园景区被岳湖、风荷景区和密林景
区围绕，为有需要的游客服务。这样的空
间安排既便于到达又不影响整体次序。

　　曲院风荷主要有滨水、密林、草坪等
空间，园路在不同的空间中穿梭，通过与
水面距离的变化以及植物疏密的变化营造
游览中的节奏。利用建筑形成框景和远景，
引导游人停留、观赏和休憩。主景区风荷
池内互相咬合的水面与高大的乔木林融合
为一体。从南往北看，水面似乎是栖霞岭
下的溪流冲刷汇集后自然形成的，有着深
远的意境。从西往东望，又似金沙港的水
慢慢流入开阔的西湖，有了平远的韵味。
园路环绕着风荷池或近或远、或西或南，

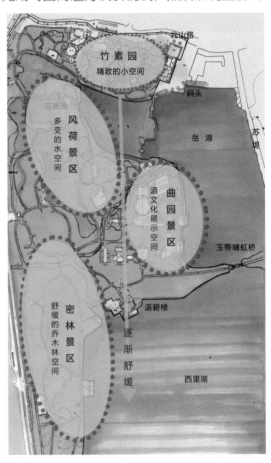

曲院风荷山水构架平面示意图

展示酒文化的曲园景区

风荷池水自西向东逐渐至岳湖、西湖，有了平远的韵味

每一个角度都是对山水完美的阐释。

花港观鱼公园东、南、北三面均有景可赏，地形为中部高、四周低，主景区是东侧低洼地营造的观鱼水面。空间开合的逻辑自然是由西部密实的山林逐渐过渡至开阔的水面，西部和中部为奥，北部、东部、南部为旷。北收西里湖之美，设为大草坪区块；东

赏九曜山之秀，沿湖设滨水长廊；南屏南山路之闹，就有了林中的草坪空间。港、山、水、草坪为四种主要的空间类别，合理地分布在公园内。

空间序列在整体结构的逻辑中通过适宜空间尺度的设计与排列、情绪的调和、抑扬关系等实现节奏与韵律的变化。花港观鱼北面的大草坪区由三处尺度不等的草坪空间组成：近3000m²紫薇草坪收苏堤之境；15000m²雪松大草坪与西里湖共憩；近7000m²藏山阁草坪赏春之花海。空间在抑扬之中调和情绪以及看与被看的关系。东侧、中部和西侧的雪松树丛是草坪空间的骨架、构成抑扬关系的主要结构。藏山阁草坪与紫薇草坪之间的樱花林成为两个空间的枢纽，空间互相联系，互相渗透。"品"字形的三块草坪空间形成不同功能、观赏面、观赏季节的变化。

4.2.5 空间主题

雪松大草坪将西里湖的景致引入园中

东京樱花是衔接藏山阁草坪与紫薇草坪的枢纽

空间主题是在整体结构之后，对每个空间更为详细的预期与确立。色彩、季相是首先需要确定的。在空间序列与游览节奏的基础上，各个空间的色彩与季相规划是完善空间效果、增强游览节奏感与情绪的重要内容。在不同季节，人们对于色彩的期待是不一样的。在寒冷的冬季，暖色调的植物可以带来温暖。在炎热的夏季，树荫和冷色调的花会带来清凉。春季，高明度的花或叶带着初生生命的力量。秋季，在满眼绿色之后，高饱和度的红色与黄色成为人们更喜欢的色彩。不同空间的季相变化与色彩变化也影响着游人的视觉与心理。强烈的对比会增强后一个空间的感受，例如经过一段密实、黑暗的树林之后，草坪空间内的花海将带来更强的繁茂效果。

色彩与季相的预期明确之后，空间的主题自然有了合适的方向。空间的情绪、表达方式、疏密、与周边环境之间的关系、植物与植物群落、季相变化以及时空的变化，都是包含在这个主题里的内容。

寒冷的冬季过后，暖色调植物带来的温暖总是备受欢迎

建立空间主题时，必须注重与环境的融合度。分析大环境中的有利、不利因素，引入有利因素，避开不利因素。根据小环境的特点，包括空间、色彩、地形以及建筑、小品等要素的实际情况进行合理规划。

4.3 设计原则

在规划阶段，一般是建立预期的目标，设定植物、空间与季相的大框架。在设计阶段，即在规划成果的指导下，细化空间形式、地形、园路、建筑小品、植物等要素，以达到完美表达设计初衷的目的。这是实现规划目标的阶段，是理论与实践结合最紧密的阶段，也是展示经验与技巧的阶段。此时的设计原则与设计方法尤为重要。

4.3.1 科学性

健康的植物是形成良好景观观赏效果的必要条件，因此植物种植设计的首要原则就是植物配置的科学性原则——适地适树，确保能满足每一株植物对水分、土壤、光照、温度等所有环境因子的需要。这需要设计人员全面掌握每种园林植物的生态习性、生长习性、生物学特性等。从第3章中可以得出：城市绿地中植物种植位置的不合理是影响植物景观观赏效果的重要因素。自然中的植物千变万化，我们已经了解的仅仅是有关植物的一部分知识。不论何时何地，强调以科学性为前提进行植物配置都是必须的。

植物配置的科学性是建立在长期学习和积累的基础上的。每一种植物在各个阶段对环境的要求、不同生长期的生长速度与体量变化等都会影响设计成果。

4.3.2 主从关系

艺术作品作为一个审美整体，它的各个组成部分绝不是相互等同、平分秋色的，而是存在着主与宾相关相依、互为协调的美学关系。正是这种关系，使它得以有机的整合成为一个呼吸照应、生气灌注的意境美的整体。[45]

在植物种植设计之时，主从关系尤为重要，亦容易被忽略。不同植物之间有着不同的外部形态与特质，同一植物的外形在不同的季节又有着很大的变化。主从关系要求每个季节游人的视域范围内只有一个主体，而陪体又能衬托出主体的美。这就需要设计人员掌握每种植物的季相变化，做出科学合理的判断之后进行设计，以达到预期规划。

在一定视域范围里，每个季节的主体植物可以是不同的。但每个季节需要一个植物主体，其他的植物都为主体服务，强调树丛的整体性与和谐性。主体需要以合适的体量或者特殊的色彩来吸引视线。主体不宜多或者配置过于散乱，陪体的配置以反衬主体或者呼应主体为主要目的。在第3章中，我们已经看到很多因植物种类过多、主体不明显而影响植物景观整体效果的案例。

在园林里，每个空间每个季节的植物主体至关重要，它影响着游人的情绪与游览节奏。各个空间由园路联系之后的主体变化就是园林在这个季节表

尚未开花的鸢尾科植物竖线条的外形与郁金香相似，画面和谐且主体突出

达的植物主题。因此,在主从关系的设定中,不仅仅要考虑单个空间或视域范围内的主体,还要综合园林主题,控制每个空间主体植物的变化节奏,以达到预期的目标。

4.3.3 多样与统一

园林艺术要求统一当中有变化,变化当中有统一。这就是许多艺术中常提到的"多样与统一"原则。[46]

一件艺术作品通常只有一个主题,其形式、风格要求在一定程度上相似或一致,对于园林而言亦是如此。但是与其他艺术品相比,园林远远超过其他艺术形式所占用的空间,并且经常由多个空间组成。因此对于园林而言,多样与统一尤为重要。在一座园林中,为了营造游览过程中的节奏和韵律,多个空间的形式、植物材料、线条、色彩等需要有相似性,也需要有变化。多样与统一是相辅相成的。园林的多样是在统一前提下的多样,否则就会凌乱;园林的统一亦是变化中的统一,否则容易呆板。

西湖风景名胜区的各个公园以植物造景为特点,将多样的植物主题统一起来,营造出丰富而统一的西湖园林。公园利用统一的主题来协调多样的植物景观,形式多样,特色鲜明,是公园尺度上植物景观多样与统一的典范。曲院风荷以荷花及水杉、黑松等乔木统一水体形态的变化,利用变化的水系形态营造出多样与统一的荷文化公园。太子湾以东京樱花和大开大合的空间风格统一地形和植物群落结构的变化,形成春季赏樱和球根花卉的主题。花港观鱼以植物组织空间的方法统一多个主题植物园区,结合每个空间的花、鸟营造了鸟语花香的氛围。

对于一座园林而言,多样与统一很重要;对于一个园林空间而言,多样与统一依然是指导植物景观设计的重要原则。一般而言,一个视域范围内至少有一个元素统一画面,这个元素可以是色彩的某一个属性、形态、质感、线形,也可以是某种植物。杭州植物园分类区春深亭北的水杉、池杉、落羽杉

花境中植物种类繁多,有节奏地安排观赏植物是实现多样与统一的有效方法

和水松树丛就是利用植物统一而又有变化的外形与色彩组建的。秋季，植物的叶片展现出不同的黄褐色，多样与统一，似浓郁的油画，极具魅力。

秋季水杉、池杉、落羽杉和水松树丛不论是外形还是色彩都呈多样与统一

4.3.4　对比与协调

对比与协调是利用物体之间的差异或相似性实现对主体的表达。对比是利用反差来衬托主体、突出主体；协调是应用相似的物体组成和谐的画面。

在园林之中，空间、林冠线、立面层次、色彩、质感、线形等都适用对比与协调的原则。植物拥有着各种外形，外形与色彩的差异赋予植物不同的气质特征。塔形的植物，如水杉给人积极向上的感觉；具宽圆形树冠的植物，如香樟有着大气包容的气质；具片层状的细软枝条的植物，如鸡爪槭带着飘逸与潇洒。这些植物在不同的季节由于色彩的变化，会产生各自的变化。水杉初春新叶嫩绿，显得清新雅致；鸡爪槭秋季叶色绚烂，更为壮美。利用植物不同季节的外形特点，通过外形或色彩的对比与协调，可以营造出富有变化的植物景观。空间的明暗、林冠线的虚实、立面的外形与高度、色彩的明度与色调、冬季落叶树与常绿树的质感区别等，都可以在各个季节产生极富戏剧性的效果。

花港观鱼红鱼池边垂柳与荷花玉兰树丛，冬季利用落叶树与常绿树的质感对比、纤细的竖向线条与厚重的树冠对比、黄色与暗绿色在明度与色相上的对比，产生鲜明的金色柳丝效果。梅花与松是一种常规的配置模式，利用舒展与挺拔的树形对比、红色与绿色的色彩对比以及两者被赋予的品格上的和谐，营造亮丽的冬季植物景观。

杭州植物园杜鹃园两侧密植杜鹃花属中的各种植物，利用形态、体量上的和谐，以及花色中接近的明度与饱和度营建出协调的画面。

曲院风荷风荷池内黑松、香樟、水杉、垂柳的配置，利用大乔木树形、高度的差异（对比）形成立面上的虚实对比，产生和谐又诗情画意的画面。

柳树枝条与背景荷花玉兰、雪松产生形与色的对比，突出柳枝的金丝效果

松和梅作为中国园林冬季植物景观永恒的主题

被杜鹃包裹着的路面显得隐秘而富有诗意

大乔木的立面对比在早春季节尤为明显

4.3.5 节奏与韵律

节奏是有规律的重复；韵律是在节奏与变化中呈现的灵动美感。韵律美在植物景观中的呈现较为含蓄，重复出现又不是单板地相似重复，让各个空间的景物既协调又富有变化。林冠线、林缘线、植物色彩、竖向线条、虚实对比等都是节奏与韵律的元素。游览路线中空间的变化以及主体植物的变化也形成有意思的节奏与韵律。

花港观鱼南入口草坪利用蜿蜒的林缘线以及相似的树丛营造节奏和韵律感，产生与水面空间相似的草坪空间。

白堤间株桃花间株柳将西湖的景致囊入其中，为北山路上的游人勾勒出湖面清丽的层次。

柳浪闻莺里的枫杨林，利用粗犷树形的重复与变化产生节奏与韵律，风格独特。

曲院风荷一组冬季的植物景观，有节奏的水杉林将视线逐渐引向远处的空间，营造出深远的景致，诱人以无穷的想象。

蜿蜒的林缘线结合远山、树丛，让草坪呈现溪流的意境

间株桃花间株柳的白堤令湖面的层次增加，呈现平远之意

被雪强化了的树干线条呈现变化的节奏与韵律

水杉林与远山产生深远的意境

4.3.6 比例与尺度

比例是事物本身的空间关系，如长、宽、高、厚等之间的关系，局部与整体的关系，主体与环境的关系等。

尺度更加关注人与环境之间的关系。人的体量与视角是相对一致的，不同高度与距离的植物景观给人完全不同的感受。适宜的尺度会带来空间的舒适感，尺度的变化亦能产生节奏与韵律的变化，引导游人的心理变化。

对于植物配置而言，植物本身体量的变化以及不同植物生长速度的不同是必须引起重视的。植物自然生长的过程中，空间内主体的体量变大而空间大小不变，造成比例与尺度关系每一年都在变化。一组植物景观中，不同植物的生长速度不同，最终展现的比例关系亦会产生非常大的变化。这就要求在设计初期充分考虑植物的生长对空间比例与尺度关系的影响，以及不同植物生长速度对比例关系的影响，寻求最佳的平衡点及养护管理中易于解决的方案。

空间的舒适感与空间的纵深和宽度、植物高度密切相关。纵深决定了观赏距离，高度与纵深影响着围合空间给游人的感受。如花港观鱼的玉兰埂道，就是利用紧邻园路的荷花玉兰营造密实压抑的氛围，与开阔的雪松大草坪形成对比。

不同大小的空间给游人的尺度感受完全不同，其功能亦不同。花港观鱼大草坪区划分为三块大小不等的草坪：最小的紫薇草坪适合情侣休憩，观赏西湖；藏山阁草坪因尺度关系而适合游人在园路上欣赏；最大的雪松草坪则适合集体活动。

杭州植物园分类区里一组雪松、金钱松与锦绣杜鹃植物景观，利用大规格的锦绣杜鹃（高度 1.5m 以上）、低分支点的雪松和隆起的地形遮挡视线，产生郁闭幽深的气氛。

花港观鱼牡丹亭前一片开阔的草坪营造出牡丹亭最佳的观赏距离，使得牡丹亭的尺度更加适宜。

大规格的灌木结合堆高的地形隐藏了园路和路人

草坪空间可以为植物景观提供合适的观赏距离

4.4 设计方法

植物种植设计是在掌握植物习性（包括植物的外部形态、生态习性、抗逆性、生长速度、物候等）的基础上，借鉴中国传统文化艺术及现代美学的方法，在实践中细化、完善植物空间的过程。植物习性的掌握需要每个人在实践中不断地学习、观察、积累，本书不做详述，但其是最为重要的内容。

中国传统文化与艺术中，气韵生动、小中见大、大巧若拙、空山冷月、怀乡言志、安心自在等都是指导具体设计的重要思想，对植物设计中的主题、空间、色彩等都具有一定的借鉴意义。自然中各个要素的结合，如味、风、影、声、月、雨、雪等，在植物景观的意境营造中起到至关重要的作用。因地制宜、借景随机更是植物种植设计的原则。

植物的观赏特性包括色彩、形态、质感、体量、季相变化等。合理应用植物的外部形态特征与变化，在主从关系、多样与统一、节奏与韵律、对比与协调、比例与尺度的原则下结合周边环境、地形、园路、建筑等要素进行配置，植物能营建出千变万化的富有韵味的空间。

朴树枝干借远山和西泠桥勾勒出诗情画意的景观

4.4.1 植物选择

为营建四季可赏、具有一定季相变化的植物景观，首先需要选择合适的植物。不同的植物拥有不同的文化内涵、色彩、季相变化、形态等，这些特质初步决定了空间的格调。

首先是与主题文化相符的主景植物选择。依据园林的主题与空间的定位，选择合适的植物作为空间的主要观赏植物。主景植物不宜过多，在一个空间内选择同属植物配置是营造多样与统一空间的有效方法。其次是突出主体、营造和谐而富有变化空间的配景植物选择。配景植物选择在多样化的前提下需要满足空间和谐与统一的要求。不同观赏季节、不同层次、不同观赏部位、不同外形、不同体量、不同寿命的配景植物是增加植物景观丰富性以及季相变化的方法。

香樟和水杉形成合适的背景，突出主体建筑

1. 不同观赏季节植物的选择

为营造四季可赏的植物景观，必须选择各个季节的观赏植物进行配置。可以选择一两个主观赏季进行植物配置，也可以较为均衡地选择四季观赏植物。均衡地选择四季观赏植物对植物配置的要求更高，需要用多种方法突出季相特征，加强空间主体的表达与植物的统一性，以免造成整体效果的散乱。选择观赏效果佳、季相变化大的植物作主景植物是非常简单有效的方法。

2. 不同层次配景植物的选择

为增强植物景观的季相变化，不同层次配景植物（包括灌木、地被）需配合设计主题，加强季相变化。

3. 不同观赏部位植物的选择

对于季相变化丰富的植物景观，需要将同一种植物不同部位的观赏特质合理应用在植物配置中。如东京樱花适合于春季观花，但是在秋季亦有亮丽的叶色。除了观花植物外，观叶、观干、观果植物都是可以增加季相变化的植物类型。彩叶植物（如金边胡颓子）可以在每个季节都展现极好的观赏效果，适合营造四季观赏的植物景观。对于观果植物（如南天竹），可以根据其独有的叶形特征进行配置，以增强冬季的观赏效果。

水杉的季相变化丰富，是极好的背景乔木

形态、质感、色彩差异小的植物形成和谐的画面

4. 不同形态、质感、色彩植物的选择

利用不同植物之间的形态、质感、色彩差异，可以将原本观赏性不强的植物材料组合成观赏性较强的植物小景。可以选择一些形态、质感、色彩有差异，但整体风格较为接近的物种进行季相变化的配置。

5. 不同体量、不同寿命植物的选择

不同体量与寿命的植物对远期的植物景观产生影响。利用植物自然体量与

利用落叶树在春季萌动期的差异，营造出形态、质感、色彩变化的立面

寿命的差异，可以合理控制植物在空间内的比例与尺度关系，亦能营造出富有变化的立面与空间。

6. 主体与陪体植物之间的关系

每个季节的植物景观需要有主体，选择主要观赏植物后，又需要选择合适的配景植物以加强对主体的渲染，增强树丛的整体性、和谐性。当选用对比的方法突出主体植物时，配景植物之间应风格一致，且物种不宜过多。

4.4.2 色彩

色彩是非常重要的影响画面情绪的因素，在植物景观营建之时亦是如此。特别是在花色搭配时，科学运用色彩原理是产生优美画面的必要手段。色彩有明度、色相、纯度三个属性。自然界中植物的色相和明度差异较为明显，利用好这两个属性可以在不同的季节营造独特的植物空间。

色相是色彩的最主要属性。最基本的色相为红、橙、黄、绿、蓝、紫。不同的色相会令人产生各种情绪或感受，如冷暖、轻重、前后、大小等。蓝色是冷色，会使人产生冷静、理性的情绪，有显小、收缩之感。红色是暖色，会使人产生热烈、危险的情绪，有扩大、膨胀的感觉。

自然界中植物的色相大多为绿色。绿色在冷暖以及其他各种情绪或感受中呈中性，代表清新、希望、安全、平静，是一种平和的颜色。但是绿色又有着丰富灵活的变化，给人带来不同的感受：偏黄的绿令人温暖，带着蓝色调的绿令人冷静理智，浅绿色给人

白色和绿色营造清新宁静的氛围

带来清新感，带着褐色的绿则更为质朴。细分绿色，选择合适的叶色是强调空间氛围的有效方法。

色彩与色彩之间不同的搭配，亦能产生不同的情绪。在植物花色配置中应用最普遍的方法就是对比色、邻近色、明度等色彩的对比与协调。

对于色相而言，色相环上距离越远的两种颜色对比越激烈，产生的情绪越强烈。相反的，色相的对比弱，产生的画面更为柔和。不同程度的对比色需要通过不同的面积比例来协调画面。

对比色是在色相环上相距120°~180°的两种颜色。其中，互补色是在色相环上相对（相距180°）的两种颜色，如红色与绿色、橙色与蓝色、黄色与紫色，组成对比最强的色组。利用对比色对比，易产生激烈、刺激的感官效果。对比色的应用往往是通过色相的反差突出主体，如在绿色背景前的红色花，黄色花海中适当点缀的蓝色花。这样的配置往往个性鲜明、主体突出。

邻近色是色相环上间隔90°之内的两种颜色，成中对比关系，如红色和黄橙色、蓝色与黄绿色、蓝紫色和红紫色。邻近色配置在一起往往产生和谐的画面。例如，蓝色、蓝紫色和红紫色的花可以形成浪漫又温暖的画面；黄橙色、橙色和红橙色的花营造出喜庆、热闹而又不过于刺激的氛围。

提高控制颜色比例的能力需要阅读大量的经典艺术作品，并辅以色彩构成的练习。

不同的色彩会让人产生不一样的情绪，结合季节特点应用色彩的情绪可以营造更适宜更

红色和绿色产生强烈的对比

红色和黄色激发热烈的情绪

有特点的游览环境。杭州的冬季阴冷，在连续的萧瑟以及春节气氛的影响下，春季繁花似锦的场面对人的吸引力很强。春季植物配置的重点在于花色之间的协调与映衬。春季还是万物复苏、植物萌动的季节，各种植物的新叶新芽呈现丰富的颜色，结合树形，适合营造各种展现生命力的画面。杭州夏季天气炎热，浓密的树荫以及冷色调花可以降低气温与心理温度，适合利用不同绿色之间明度与色相的差异造景以及应用蓝色与白色的花在绿色中营造清凉的环境。秋天是成熟与收获的季节，通过红色与黄色色相、明度和饱和度的变化绘制色彩浓郁的画面，比春季更灿烂。杭州的冬季是最为平和的季节，一切归于平静，低饱和度的落叶树枝干与常绿树的恰当配置产生平和、冷寂等韵味，最适合平远意境的表达。

植物的颜色极为丰富，不同植物或者相同植物不同植株之间的颜色都有差异。利用这些微小的差异可以营造出多样的植物景观。应用秋色植物时，利用叶色亮丽的植物材料，如无患子、枫香等，可以将褐色植物景观整体提亮，增强观赏性。春季在缺少观花植物的时候，亦可根据新叶不同的绿色进行配置，营造勃勃生机的春季植物景观。夏季以松柏类浓绿的叶色与垂柳等植物的淡绿色配置，利用叶色明度的不同以及树形的差异配置清新素雅的夏季植物景观。冬季水杉向上的线条与潇洒的枝干在常绿树间极为突出，引导并加强空间的变化。前景用高明度或高饱和度颜色的暖色调植物，背景植物选择低饱和度的灰调植物，都是为了在狭小空间内增加空间纵深感。

紫荆、垂丝海棠与诸葛菜花期接近，花色为邻近色，盛花时不同层次、不同颜色的花营造出丰富又和谐的氛围。

蓝色、紫色和粉色为邻近色，营造浪漫和谐的画面　　同科同属植物外形相似，易营造和谐而有变化的场景

鸡爪槭、红枫和羽毛槭为同科同属植物，其树形、叶形接近，通过色彩与植株高度的变化，绘制和谐的画面。

风荷池内，绿色统一画面，明度产生变化。其中荷花的明度最高，形成视觉中心。

利用枫香高明度与高饱和度的叶色提高画面的整体明度，增强水杉林的观赏性。

笼月楼是灵峰探梅内的一个景点，位于灵峰山半山腰。到达笼月楼需要经过梅林花海以及一小段安静的山路。山下以红色为主的梅花扫除了整个冬季的萧瑟；山上白色的梅花辅以竹子和山林，用素雅的颜色描绘最原始、最质朴的环境。色彩与环境的对比衬托了笼月楼的安静与古朴，形成两个具有不同情绪的赏梅空间。

1 荷花的明度最高，所以最突出
2 利用一株高明度、高饱和度的植物就可提亮整个画面
3 笼月楼的江梅

4.4.3 形态与质感

形态是指事物存在的外部样貌；质感是指物体表面的自然特质。色彩、形态、质感等要素形成物体的外部特征，在植物配置过程中不可忽略。树体的姿态与尺度、树叶的形状大小与颜色、枝干的疏密与生长方向、枝条的软硬、树叶的生长方式等都是影响植物形态与质感的因子。这些不同的外部特征形成每种植物独特的风格与气质。如水杉积极洒脱，香樟大气包容，枫杨粗犷，垂柳婀娜，鸡爪槭秀丽。利用好这些外部特征，可以营造出丰富而且具有独特魅力的植物景观。

对于同一种植物而言，形态与质感也不是一成不变的。幼年、成年、老年时期植物的姿态、枝干的生长势、树皮的质地等，都有很大的变化。一年四季，植物在萌动、展叶、开花、落叶、换叶时期的外形变化很大。因此，只有完全掌握植物的季相与生长变化，才能选择合适的植物、合适的规格，营造理想的场景。

四季之中，春、夏、冬三季都是极好的展示植物形态与质感变化的季节。春季，落叶树萌动、展叶、发芽的时间各不相同。展叶、萌动、发芽、换叶等不同状态下的植物的质感差异大，可以利用这个季节独特的形态变化配置具有明显季相特征的植物景观。夏季，植物以绿色为主，形态与质感的差异成为营造树丛立面变化与林冠线变化、加强空间变化的重要方法。冬季，落叶树的树干与枝干完全展现在外，呈现与其他季节完全不同的姿态，是最佳的表达形态与质感变化的季节。

在物种选择中已经提到，要关注不同植物间的形态与质感的变化，利用这些变化可以将无季相特质的植物配置形成多季节观赏的植物景观。如单独的水杉在春季仅有嫩绿的叶色适合作为观赏要素，但是与形态、质感都有差异的香樟、垂柳搭配，就能营造独

冬季是表达形态与质感变化的最佳季节

玉兰、山茶因相似的树形和接近的花期而形成经典的早春植物景观

特的以植物外形为主要观赏对象的植物景观。而这样的组合，在夏、秋、冬季也能形成独特的观赏效果，本是单季节或两个季节适合观赏的物种，可以配置成为四季皆可赏的树丛。

　　植物的形与颜色结合在一起，可以加强对环境气氛的渲染。李叶绣线菊柔软的枝条结合洁白的花，清新素雅。东京樱花飘逸的树形带来的是洒脱的气质。玉兰洁白的花结合卵圆状的树形十分典雅，具有同样树形的二乔玉兰紫红色花则显得更为热烈和喧闹。春季嫩绿色的鸡爪槭带着清新，秋季鲜红色的鸡爪槭多了灿烂。利用植物之间的这些差异以及植物本身的季相差异，可以产生无穷无尽的变化。特别是冬季，落叶树完全裸露的枝干与常绿树浓密的枝叶形成颜色与姿态的差异，合理配置可以营造出平和而深远的意境。

　　玉兰和山茶都为卵圆形，较为规整的树形、落叶与常绿的差异、乔木与灌木的差异、花色的差异组合成早春经典的植物景观。

　　水杉、香樟、湿地松、垂柳在树形与叶色上都有较大的差异，在夏季互相配置可以形成丰富的立面变化。

　　槭树片层状的枝条在纵向的池杉树干之间特别醒目。

　　山水园的冬季，水杉、池杉与常绿乔木形成虚实对比。

　　西泠桥两侧的二球悬铃木中灰的树干被香樟反衬出了高度与线条感。

　　玉带晴虹桥两侧植物以落叶树为主，秋、冬季远山、桥和植物在空寂的水面上产生青灰色调的画面，营造出山水画般的意境。

大乔木在夏季通过树形、体量、叶色的差异形成林缘线与立面变化

大乔木下槭树片层状的枝叶与树干形成对比

池杉与香樟产生立面高度与形态的变化

二球悬铃木通过体量以及与常绿树形态、质感的区别来弱化桥的体量，将远景和近景融合在一起

4.4.4 立面变化

植物景观的立面是静态观赏时直观的结果。立面变化主要有林冠线的组织、形态对比、色彩协调、植物群落层次等方面，同时空间与林缘线的变化也是影响立面效果的直接因素。

乔木体量的差异是营造林冠线变化最重要的元素。不同植物在不同阶段的生长速度不同，结合植物成年的体量，合理选择物种及其规格才能确保植物景观建成初期以及远期的林冠线变化在预期的控制范围之内。

植物之间形态的变化是影响立面效果的重要因素，差异越大，对比越强烈，同时结合色彩可以营造出变化丰富的立面效果。结合园路的走向，利用林缘线的收放，特别是纵向空间的变化，可以配置具有空间感与空间变化的立面，营造深远的画面。应用近

曲折的水岸线以及远处高大的二球悬铃木让空间更富有想象

大远小的透视原理及色彩的视错觉
亦可改变空间的距离感，营造不同
的立面效果。

多层次的植物群落营造出丰富
的立面变化，但是过多的变化容易
导致画面主次不分。将不同观赏季
节的植物分别配置在不同的层次可
以营造丰富且有主体的立面。如秋
季观赏植物集中在大乔木层，冬季
观赏植物景观集中在灌木、地被层，
春、夏季观赏植物集中在小乔木层，
不仅能让部分植物产生群体的观赏
效果，而且能避免物种过多、配置
零散，导致无主体。

立面变化既不可过小（避免画面
的呆板），也不可过多（防止画面杂
乱、无主题）。有节奏的林冠线、虚
实变化、统一的形态或色彩等，都
是建立和谐植物立面的方法。每个
季节利用形态、体量、色彩等变化
突出一个主体，可以营造出丰富的
季相变化。

在花港观鱼的中心岛树丛，简
单的几种植物形成丰富的立面层次，
并且与远景相呼应，利用不同季节

夏季垂柳高明度的叶色特别突出，适合与其他植物配合
营造富有层次的立面

池杉在夏季利用高度的差别营造林冠线变化

主从关系的变化，营造丰富的季相变化，形成主体突出且具有丰富变化的水岸植物景观。
水岸线的变化使水体逐渐消失在远方，增强画面的空间感，营造出无尽的景致。

花港观鱼红鱼池边，夏季垂柳与荷花玉兰产生形态、质感与色彩的变化，营造出富
有层次的立面。

杭州植物园山水园内，池杉和香樟形成树形、高度、质感、林冠线与色彩的变化，
结合突出的水岸线形成主体。

4.4.5 空间布局

园林作品最重要的特征就是它是空间与时间的艺术，人可以在作品内游赏，从不同的角度观赏与感受自然与人文之趣。园林作品终究是由各个不同的空间组成的，空间的序列、空间的开合、空间内的各个园林要素等都影响作品的优劣。

园林的空间布局可以从动态布局及静态布局两处着手。[47]动态布局主要控制空间的序列，通过游线组织、地形变化、季相变化等营造空间的节奏与韵律，引导游人的视线、情绪与观赏节奏。该内容已经在整体结构中阐述，此处不再讨论，仅讨论植物空间。

静态空间布局是综合植物、地形、园路、建筑等各个园林要素而形成的，主要是结合空间的功能与地形对园路走向、林缘线、比例尺度、观赏距离、植物的层次与疏密等进行进一步控制与完善。植物的物种差异、疏密变化、林冠线、层次及色彩的变化是营造空间效果的重要方法，与地形、园路结合后产生丰富而多样的空间形式。

运用地形的变化可以营造不同的园路走势和画面效果，改变游人垂直方向的观赏视角，同时运用地形还可以增强障景、框景、透景的作用，结合植物形成丰富的光影变化。

各个空间通过园路的贯穿形成有节奏的游线。园路结合地形可以营造各种氛围的场景，勾勒出优美的画面。弯曲的园路可以产生植物立面的变化与空间的开合变化。园路在走向改变的同时，植物景观的视距、视角在不断变化之中。树视距远、视角平，令游人情绪平和；反之则具冲击力。

园路周边的植物还有引导视线

地形、园路和植物共同营造空间的氛围

园路的走势、堆高的地形配合乔木林在平坦之地营造出富有变化的空间

的功能。单一景物或者密闭空间不易受到关注，突出的色彩（亮光）具有吸引力，这可以被用于引导游人的视线。

林缘线的设计结合植物的疏密是形成空间之间联系的重要方法。多层次的树丛适合分隔大空间，密实的中层植物可以有效地

眼前的大乔木视距近、视角大，易产生视觉冲击力

分隔小空间；乔木林下的暗空间与远处空旷的亮空间形成对比，具有空间的联系和渗透功能；曲折的林缘线通过草坪将远处的景物引入视线，适合营造空间之间的关联。植物结合地形的起伏不仅可以增强空间的隔离作用，而且可以增强空间之间的联系。空间与空间之间的关系，或者一个空间内的植物设计还影响着空间的景深。丰富空间层次、加强前景、利用空间的渗透将远处的景观元素引入、应用夹景以增加空间的纵深感等都是增加空间景深的方法。

每一个园林空间的设计还需要综合比例与尺度、游览视距等要素。一般而言，以景物水平视场不超过45°、垂直视场不超过30°为原则。[47]观赏视距的问题孙筱祥先生在《园林艺术与园林设计》一书中有详尽的解说。

静态空间内的植物配置需要针对不同的环境（如阳坡、阴坡、缓坡、水体、草坪等）进行选择，根据空间功能的不同先选择空间的形态、密度、季相效果，再选择合适的植物进行种植设计。一般而言，一个空间一个季节内只有一种主体植物，配景植物选择个性、色彩、形态、质感、立面有变化又和谐的物种，物种数量不宜过多。

营造多季节观赏的植物空间，最重要的是确定每一个季节的观赏主体，通过不同季节观赏植物的分段配置、分层配置等方法，形成每一个季节的主从关系。在长条状或者空间形态丰富的绿地内，可以将不同观赏季节的植物分段或者分角度设计在空间内。同一观赏季节的植物相对集中时更容易突出主体，形成良好的观赏效果。

太子湾逍遥坡、花港观鱼藏山阁草坪、灵峰探梅瑶台、曲院风荷风荷池是综合各园

太子湾逍遥坡植物景观贵在山水格局以及包括环境、地形在内的整体空间关系

花港观鱼藏山阁草坪植物景观中空间的分隔与渗透丰富了空间的层次

林要素的经典植物空间。

逍遥坡是一处敞开的山水空间，是利用地形特点营造植物空间的经典案例。远山、草坡、水体是空间的地形构架，通过草坡上片植东京樱花、水岸边丛植无患子形成简单明晰的五个层次，利用两种植物的色、形、季相及种植方式的变化营建简洁而丰富的空间。水面作为前景，倒影强化了空间关系。无患子树丛利用近大远小的视错觉成为贯穿画面的框景。草坡将东京樱花林布置在最合适的视觉高度。背景九曜山丰富了空间层次，并衬托东京樱花林的靓丽色彩。

藏山阁草坪是以观赏为主要目的的草坪空间，密林与疏林的结合形成多样的林缘线和草坪空间，是利用植物营造空间层次和景深的经典案例。西面和东面两处雪松林界定和分隔空间，中间为主景树丛，草坪之内有无患子、荷花玉兰、东京樱花三处疏林。三处疏林是空间的点睛之笔。空间的主观赏点是南园路东面的无患子林下。草坪中无患子的影子是前景，荷花玉兰与主景树丛是中景，两组树丛一大一小互相咬合，为背景东京樱花林留出透景线。从荷花玉兰开始，之后自近往远依次是二乔玉兰和东京樱花。植物的体量逐渐变小，在有限空间内增加了景深；植物的形态和颜色依次发生变化，增强了画面的和谐度；最远处的东京樱花林，让人产生无限的遐想，似乎往深处走会有更大的空间。

灵峰探梅瑶台是一处俯瞰的山景，是用藏的方式表现广的案例。自远至近依次是环绕在梅园南面的青龙山，梅林和穿插在梅林里的火炬松林、秃瓣杜英林。火炬松林和秃瓣杜英林将人们的视线收于中景梅林处，却将思绪引向藏于树林后的无限梅海。

曲院风荷风荷池是一处山水交融的空间，是应用树丛融合山水关系的经典案例。远处的栖霞岭被借入园中作为风荷池内迎熏阁的背景，几处互相咬合的半岛上交错种植了黑松、水杉和香樟，自南向北望去，大乔木特有的树形有节奏地出现在各个半岛上，似是山的延续，水池则像是被山上的溪水汇集冲刷而成。

灵峰探梅瑶台的梅林以藏为胜、以小见大

曲院风荷风荷池与背景山水、植物的融合让人工之水有天然之韵

4.4.6 时空变化

园林是空间和时间综合的艺术[47]，时空变化是园林艺术最重要的特征。植物在不同的季节有着不同的季相变化，作为生命体在固定的空间内生长亦会造成园林空间的变化。

2005 年 3 月 12 日大雪覆盖下盛开的红梅

植物在一年四季中有着周年变化，季相结合地形、园路和建筑小品可以营造出多样且变化丰富的园林空间。每个季节空间内的植物变化是在种植设计时首先要考虑的。植物的长新叶、开花、落叶或者换叶期各不相同（杭州常见植物的物候已于第1章中阐述），利用不同植物之间的物候差异可以延长空间内植物的观赏期。如一组落叶树的萌动期差异大，那么在春季新叶逐步萌发、舒展的过程中，树丛整体的观赏期就会延长。同理，将树丛内落叶树的落叶期或者秋季变色期错开将延长观赏期，将萌动期或者变色期集中在一起可以增强树丛的整体性。

挖掘植物在不同季节的美，利用合理的配置方式可强化其观赏价值。例如，东京樱花不仅春季观花效果好，秋季叶色变黄，亦有非常好的观赏性。将东京樱花配置在园路南面，浓绿的大乔木背景下，逆光、绿色的背景会加强秋叶的通透性，增强观赏性。

植物是在不断生长的状态中。同一个园林空间在建设初期和建成几十年后，植物空间的比例尺度、立面层次、空间之间的关系等都会发生变化。这就需要在设计时根据植物生长速度的不同，对植物景观进行近期、中期、远期的空间规划，确保观赏的可持续性。

某些植物在不同生长期的外形以及对环境的要求都有差异，如红花檵木可以由灌木状生长为小乔木，七叶树苗期需要适当遮阴。这同样需要在植物的景观设计时进行近、中、远期整体规划。

在杭州植物园春深亭，通过春花植物、水生植物与秋色叶植物的有序搭配，形成周年欣赏的植物空间。亭子北面是水池以及水杉、水松、落羽杉、池杉树丛；南面是紫叶李、硕苞蔷薇、金樱子、玫瑰、毛叶木瓜、石楠等蔷薇科植物；东面是枫香、二球悬铃木骨架下的东京樱花、木香、七姐妹、白鹃梅、绣线菊属植物等；西面是梅花、樱桃、东京樱花、玉兰、蜡梅等蔷薇科、蜡梅科和玉兰科植物。春季，从玉兰、紫叶李到东京樱花、蔷薇等白色、粉色、红色的花儿从2月一直开到劳动节。夏季，萍蓬草、睡莲等水生植物一直开放。秋季，枫香、二球悬铃木、水杉、池杉、水松、落羽杉等植物的秋色可以观赏到翌年1月。冬季，蜡梅、茶梅和梅花的花贯穿整个冬季。周年的植物景观都不尽相同，每个时期从亭子内往四周看都是极美的画面。

花港观鱼公园合欢与悬铃木草坪位于丛林区东面，与牡丹园相邻。在被密林和东京樱花林围合的坡地中，最低处是一组二球悬铃木，最高处是一组合欢树丛。整个空间由春、夏、秋三个季节的观赏植物组成，达到了周年观赏的要求。同时，高处的合欢在建园初期位于制高点，是观赏主体。几十年后，二球悬铃木树丛的体量让该处成为整个空间的核心，并在最低处形成完美的休憩空间。该空间是利用植物时空变化合理造景的经典案例。

春深亭边盛开的玉兰

春深亭边盛开的东京樱花

春深亭边盛开的菱叶绣线菊

春深亭边盛开的睡莲

二球悬铃木树丛既是极好的休憩空间，还界定了丛林区的空间

4.4.7 意境表达

游人在设计中豁然感受到世界与自己的不同，会有更深的审美感受。对于私家园林来说，园子的主人对人生的追求或者对园子的期待都有可能成为该园表达的意境。对于现在的园林而言，公园的服务对象是所有的市民和游客，对场景的感触更容易实现并被大部分民众所接受。

小鸡爪槭在香樟下完美的生长状态

例如，花港观鱼丛林区的一组树丛在秋季特别让人感动。高大香樟下灿烂的小鸡爪槭和园路边相互挨着的两把椅子勾画出一幅完美的画面。香樟为小鸡爪槭留出完全适合它的生长空间，小鸡爪槭在香樟的呵护下完美生长，结合一旁并排的两张椅子，似乎在告诉人们一种合适的夫妻关系或母子关系。

利用自然舒适的环境让人们忘却生活的压力、感知自然之美；在优美的景致中放空自己、忘我地游园；通过植物的生命特征激发游人对生活的理解、对生命的感触……这些也许是公共园林所想达到的目标。要达到这一目标，需要综合各种园林要素与设计方法，建造充满生机的植物景观，利用画境重现、小中见大、隐喻、强化植物季相等方法，在平常中见不寻常。

4.5　存在的主要问题

通过杭州城市绿地植物配置案例的调查，我们发现许多绿地植物配置的效果不尽如人意。综合其原因，主要有以下几个方面。

4.5.1 缺乏生物多样性

不重视地形设计、缺乏空间多样性，使许多植物缺少合适的种植小环境。

选择的植物种类单一。不仅物种单一，而且同一物种的规格非常接近，导致无法营造出丰富的植物景观，植物的立面与层次无法满足预期效果。

4.5.2 缺乏艺术原理的指导

在植物配置艺术性方面主要存在空间内主体不清晰、配景植物之间缺少和谐性与关联度、植物立面层次过多或过于单调、林冠线和林缘线不够优美、植物空间的疏密不合理、季相与色彩未得到有效控制、未考虑与环境的关系等问题。归根结底，是缺乏主从关系、多样与统一、对比与协调、节奏和韵律、比例与尺度等艺术原理的指导。

4.5.3 植物栽植位置不科学

合理的植物配置要求为植物选择合适的光照、温度、湿度等条件，并留出一定的生长空间。但在实际案例中，许多植物栽植位置不能满足该植物对环境的要求，特别是对光照条件的要求。

植物栽种过密也是普遍存在的问题。原因有二：一是过分强调建成时的即时效果，二是未根据植物正常生长速度对绿地进行动态管理。

4.5.4 植物种植设计的合理性复核不足

园林的施工图设计是在方案目标的基础上，平衡周边环境、已有条件，以及地形、园路与建筑、植物三大要素后最终的成果，各个因素之间互相牵制、互相影响。在平衡和综合的过程中，任何一个要素都会有一定范围的变化。植物景观的效果在其他条件微小的变动中就有可能产生极大的差异，甚至偏离了预期的目标。

因此，在最后阶段，根据预期目标对植物种植设计施工图进行复核是非常有必要的。复核过程就是各个因素不断优化的过程，最终是对结果的提升与完善。

1. 植物材料选择的合理性复核

对物种组成进行合理性分析，主要从多样性、科学性、艺术性等方面进行复核，看是否在预期范围之内，并进行适当的修正和完善。

首先，进行基调植物、骨干植物的种类和比例，植物规格等方面的复核。审核内容包括：基调植物是否符合最初的设想，比例是否达到预期目标；骨干植物是否起到关键点位的提示与观赏作用，配置手法是否能满足主题的表达；相同植物所用规格比例是否合适，大乔木、小乔木、灌木之间的规格是否具有合理性与协调性，植物的冠幅与胸径之间的关系是否合理等。

其次，进行乡土植物材料的占比，阴生、阳生、水生植物的比例，常绿与落叶树种的比例，乔、灌、草三个层次植物的比例，植物观赏期、色彩、形态与质感等内容的分析，看是否满足环境与主题等要求。

2. 植物配置的合理性复核

植物配置的合理性复核主要有以下几个方面。

与环境协调性的复核，主要是对绿地周边环境的有利条件、不利条件，以及周边环境的色彩、空间等特点进行分析，审核植物配置是否关注并解决相关问题。

与地域文化融合性的复核，主要是对地域文化进行特点分析后，审核是否有违背地域文化的植物材料及配置方式。

配置科学性的复核，主要是对植物种植位置进行分析，审核其是否满足植物生长的正常要求，主要从土壤、水分、光照、温度等方面考虑配置位置等的科学性。

配置方法艺术性的复核，包括主题、空间、节点、立面、色彩、形态与质感、季相变化、植物与建筑园路地形的关系等方面。

与主题契合程度的复核，主要是从植物的选择、应用的数量、主要节点处的配置等方面进行分析，审核其文化、空间、色彩、观赏效果等是否符合主题的风格。

与空间、园路合理性的复核，是对绿地整体以及大小空间、相邻空间之间的关系等进行复核，分析其是否具有空间的变化和协调、植物的疏密比例是否合适、空间的渗透性是否足够等。同时通过模拟游览过程，对空间的变化进行节奏的模拟与调整。

复核全园节点的分布是否合理，节点的季相变化、立面、色彩等观赏效果是否达到预期效果，节点的主要观赏点的视距是否合适。

立面层次的合理性、色彩的合理性、形态与质感配置的合理性、季相变化的合理性等方面的复核，通过绿地主要空间与观赏节点的季相效果模拟，审核树丛每个季节在立面、色彩、形态与质感等方面的观赏效果，特别是重要节点的配置。

与建筑、地形等关系合理性的复核，主要对建筑内外观赏效果、与环境融合程度、地形变化与植物配置的合理性等方面进行审核。主要关注植物与建筑、地形的色彩、体量、风格、空间关系的合理性。

最终，通过模拟游览路线以及游览过程中的心理变化，对植物种植设计进行修正和完善。

参考文献

1. 贾梅，金荷仙，王声菲．园林植物挥发物及其在康复景观中对人体健康影响的研究进展 [J]．中国园林，2016，32(12)，26–31.

2. MARCUS C C, BARNES M．益康花园：理论与实务 [M]．江姿仪，吴株枝，林凤莲，译．台北：台湾吴楠出版社，2007.

3. 潘富俊．草木缘情 [M]．北京：商务印书馆，2015.

4. 冷平生．城市植物生态学 [M]．北京：中国建筑工业出版社，1995.

5. 张文娟，张峰，严昭，等．兰州市绿地生态价值的初步分析 [J]．草业科学，2006，23(11):98–102.

6. 陈明玲，靳思佳，阚丽艳，等．上海城市典型林荫道夏季温湿效应 [J]．上海交通大学学报 (农业科学版)，2013，31(6): 81–85.

7. 康文星，郭清和，何介南，等．广州城市森林涵养水源、固土保肥的功能及价值分析 [J]．林业科学，2008，44(1): 19–25.

8. 徐俏．广州市生态系统服务功能价值评估 [J]．北京师范大学学报 (自然科学版)，2003，(4): 268–372.

9. 朱良志．中国美学十五讲 [M]．北京：北京大学出版社，2006.

10. 余金良，卢毅军，金孝峰，等．杭州植物志 [M]．杭州：浙江大学出版社，2017.

11. 宋凡圣．花港观鱼纵横谈 [J]．中国园林，1993，9(4): 28–31.

12. 应求是．杭州西湖小水域滨水陆生植物造景艺术探析 [C]// 中国风景园林学会年会论文集．北京：中国建筑工业出版社，2010.

13. 苏雪痕．植物造景 [M]．北京：中国林业出版社，1994.

14. 赵警卫，王荣华．城市绿地植物配置评价指标体系研究 [J]．北方园艺，2010(21): 126–128.

15. 王大海．南昌市居住区植物配置景观效益研究 [D]．南昌：江西农业大学，2011.

16. 张哲，潘会堂．园林植物景观评价研究进展 [J]．浙江农林大学学报，2011，28(6): 962–967.

17. 李树华，马欣．园林种植设计单元的概念及其应用 [C]// 中国风景园林学会 2010 年会论文集：下册．北京：中国建筑出版社，2010: 888–891.

18. 邵锋，宁惠娟，包志毅，等．城市居公园植物景观量化评价研究 [J]．浙江农林大学学报，2012，29(3): 359–365.

19. 顾亚春．南京郊野公园植物景观研究 [D]．南京：南京林业大学，2012.

20. 杨科. 成都市综合公园植物群落景观研究 [D]. 成都：四川农业大学，2010.

21. 王建伟，魏淑敏，姚瑞，等. 园林空间类型划分及景观感知特征量化研究 [J]. 西北林学院学报，2012，27(2)：221-225.

22. 秦小苏. 达州市城区园林植物的配置与景观评价研究 [D]. 雅安：四川农业大学，2011.

23. 苏小红. 福建农林大学校园植物季相变化研究 [D]. 福州：福建农林大学，2013.

24. 何平，彭重华. 城市绿地植物配置及其造景 [M]. 北京：中国林业出版社，2001.

25. 朴永吉，王爱萍. 关于树丛美学评价指标体系的研究 [J]. 现代园林，2008(2)：17-20.

26. 董莹. 哈尔滨市高校植物景观评价模型的构建与研究 [J]. 黑龙江生态工程职业学院学报，2012，25(6)：5-9.

27. 孟娜. 杭州西湖茅家埠景区植物群落景观分析与评价 [D]. 杭州：浙江农林大学，2011.

28. 潘桂菱. 合肥城市公园生态型植物群落评价与配置优化研究 [D]. 上海：上海交通大学，2012.

29. 郑国栋. 花境植物景观综合评价体系研究与应用 [D]. 南京：南京林业大学，2008.

30. 季淮. 淮安城市滨河绿地植物景观研究 [D]. 南京：南京林业大学，2011.

31. 韩静静. 基于层次分析法的植物群落景观评价及植物配置模式分析 [J]. 现代园林，2014，11(4)：3-7.

32. 关庆伍. 长春市公园绿地的植物景观评价 [D]. 哈尔滨：东北林业大学，2006.

33. 王旖静. 西安市公园绿地植物景观调查与评价 [D]. 杨凌：西北农林科技大学，2013.

34. 段海晶. 秦皇岛市公园绿地植物群落调查与评价 [D]. 秦皇岛：河北科技师范学院，2014.

35. 吴博. 南京市社区公园植物景观研究 [D]. 南京：南京农业大学，2012.

36. 谢婷婷. 南京城市公园绿地花境植物群落研究与综合评价分析 [D]. 南京：南京农业大学，2009.

37. 冯彩云. 近自然园林的研究及其植物群落评价指标体系的构建 [D]. 北京：中国林业科学研究院，2014.

38. 蒋雪丽. 杭州公园绿地植物景观多样性评价研究 [D]. 杭州：浙江农林大学，2011.

39. 刘维斯，颜玉娟，都晓璐. 城市公园植物景观评价指标体系建立方法研究 [J]. 山西建筑，2009，35(14)：343-344.

40. 吴军霞. 芜湖市公园绿地植物群落特征研究 [D]. 南京：南京林业大学, 2008.

41. 郭岚. 西湖景区人工植物群落空气负氧离子及景观评价研究 [D]. 杭州：浙江农林大学, 2009.

42. 绉建勤. 城市居住区绿地植物群落评价方法研究 [D]. 南京：南京林业大学, 2009.

43. 宋志刚, 谢蕾蕾, 何旭洪. SPSS16 实用教程 [M]. 北京：人民邮电出版社, 2008.

44. 朱良志. 曲院风荷 [M]. 北京：中华书局, 2014.

45. 金学智. 中国园林美学 [M]. 北京：中国建筑工业出版社, 2005.

46. 余树勋. 园林美与园林艺术 [M]. 北京：科学出版社, 1987.

47. 孙筱祥. 园林艺术及园林设计 [M]. 北京：中国建筑工业出版社, 2011.

附　录

<table>
<tr><th colspan="6">植物中名、拉丁名、科名、属名一览表</th></tr>
<tr><th>序号</th><th>中名</th><th>别名</th><th>拉丁名</th><th>科名</th><th>属名</th></tr>
<tr><td>1</td><td>苏铁</td><td></td><td>Cycas revoluta</td><td>苏铁科 Cycadaceae</td><td>苏铁属 Cycas</td></tr>
<tr><td>2</td><td>银杏</td><td></td><td>Ginkgo biloba</td><td>银杏科 Ginkgoaceae</td><td>银杏属 Ginkgo</td></tr>
<tr><td>3</td><td>雪松</td><td></td><td>Cedrus deodara</td><td>松科 Pinaceae</td><td>雪松属 Cedrus</td></tr>
<tr><td>4</td><td>江南油杉</td><td></td><td>Keteleeria fortunei var. cyclolepis</td><td>松科 Pinaceae</td><td>油杉属 Keteleeria</td></tr>
<tr><td>5</td><td>白皮松</td><td></td><td>Pinus bungeana</td><td>松科 Pinaceae</td><td>松属 Pinus</td></tr>
<tr><td>6</td><td>湿地松</td><td></td><td>Pinus elliottii</td><td>松科 Pinaceae</td><td>松属 Pinus</td></tr>
<tr><td>7</td><td>日本五针松</td><td></td><td>Pinus parviflora</td><td>松科 Pinaceae</td><td>松属 Pinus</td></tr>
<tr><td>8</td><td>黑松</td><td></td><td>Pinus thunbergii</td><td>松科 Pinaceae</td><td>松属 Pinus</td></tr>
<tr><td>9</td><td>马尾松</td><td></td><td>Pinus massoniana</td><td>松科 Pinaceae</td><td>松属 Pinus</td></tr>
<tr><td>10</td><td>金钱松</td><td></td><td>Pseudolarix amabilis</td><td>松科 Pinaceae</td><td>金钱松属 Pseudolarix</td></tr>
<tr><td>11</td><td>柳杉</td><td></td><td>Cryptomeria japonica var. sinensis</td><td>柏科 Cupressaceae</td><td>柳杉属 Cryptomeria</td></tr>
<tr><td>12</td><td>水松</td><td></td><td>Glyptostrobus pensilis</td><td>柏科 Cupressaceae</td><td>水松属 Glyptostrobus</td></tr>
<tr><td>13</td><td>圆柏</td><td></td><td>Juniperus chinensis</td><td>柏科 Cupressaceae</td><td>刺柏属 Juniperus</td></tr>
<tr><td>14</td><td>刺柏</td><td></td><td>Juniperus formosana</td><td>柏科 Cupressaceae</td><td>刺柏属 Juniperus</td></tr>
<tr><td>15</td><td>水杉</td><td></td><td>Metasequoia glyptostroboides</td><td>柏科 Cupressaceae</td><td>水杉属 Metasequoia</td></tr>
<tr><td>16</td><td>龙柏</td><td></td><td>Sabina chinensis 'Kaizuca'</td><td>柏科 Cupressaceae</td><td>圆柏属 Sabina</td></tr>
<tr><td>17</td><td>落羽杉</td><td></td><td>Taxodium distichum</td><td>柏科 Cupressaceae</td><td>落羽杉属 Taxodium</td></tr>
<tr><td>18</td><td>池杉</td><td></td><td>Taxodium distichum var. imbricatum</td><td>柏科 Cupressaceae</td><td>落羽杉属 Taxodium</td></tr>
<tr><td>19</td><td>墨西哥落羽杉</td><td></td><td>Taxodium mucronatum</td><td>柏科 Cupressaceae</td><td>落羽杉属 Taxodium</td></tr>
<tr><td>20</td><td>罗汉松</td><td></td><td>Podocarpus macrophyllus</td><td>罗汉松科 Podocarpaceae</td><td>罗汉松属 Podocarpus</td></tr>
<tr><td>21</td><td>杂交鹅掌楸</td><td>杂交马褂木</td><td>Liriodendron chinense × L. tulipifera</td><td>木兰科 Magnoliaceae</td><td>鹅掌楸属 Liriodendron</td></tr>
<tr><td>22</td><td>荷花玉兰</td><td>广玉兰</td><td>Magnolia grandiflora</td><td>木兰科 Magnoliaceae</td><td>北美木兰属 Magnolia</td></tr>
<tr><td>23</td><td>乐昌含笑</td><td></td><td>Michelia chapensis</td><td>木兰科 Magnoliaceae</td><td>含笑属 Michelia</td></tr>
<tr><td>24</td><td>含笑花</td><td>含笑</td><td>Michelia figo</td><td>木兰科 Magnoliaceae</td><td>含笑属 Michelia</td></tr>
<tr><td>25</td><td>深山含笑</td><td></td><td>Michelia maudiae</td><td>木兰科 Magnoliaceae</td><td>含笑属 Michelia</td></tr>
</table>

序号	中名	别名	拉丁名	科名	属名
26	二乔玉兰		*Yulania × soulangeana*	木兰科 Magnoliaceae	玉兰属 *Yulania*
27	黄山玉兰		*Yulania cylindrica*	木兰科 Magnoliaceae	玉兰属 *Yulania*
28	玉兰		*Yulania denudata*	木兰科 Magnoliaceae	玉兰属 *Yulania*
29	紫玉兰		*Yulania liliiflora*	木兰科 Magnoliaceae	玉兰属 *Yulania*
30	夏蜡梅		*Calycanthus chinensis*	蜡梅科 Calycanthaceae	夏蜡梅属 *Calycanthus*
31	蜡梅		*Chimonanthus praecox*	蜡梅科 Calycanthaceae	蜡梅属 *Chimonanthus*
32	樟	香樟	*Cinnamomum camphora*	樟科 Lauraceae	樟属 *Cinnamomum*
33	浙江楠		*Phoebe chekiangensis*	樟科 Lauraceae	楠属 *Phoebe*
34	紫楠		*Phoebe sheareri*	樟科 Lauraceae	楠属 *Phoebe*
35	檫木		*Sassafras tzumu*	樟科 Lauraceae	檫木属 *Sassafras*
36	莲	荷花	*Nelumbo nucifera*	莲科 Nelumbonaceae	莲属 *Nelumbo*
37	荇菜		*Nymphoides peltata*	睡菜科 Menyanthaceae	荇菜属 *Nymphoides*
38	萍蓬草		*Nuphar pumila*	睡莲科 Nymphaeaceae	萍蓬草属 *Nuphar*
39	白睡莲		*Nymphaea alba*	睡莲科 Nymphaeaceae	睡莲属 *Nymphaea*
40	红睡莲		*Nymphaea alba* var. *rubra*	睡莲科 Nymphaeaceae	睡莲属 *Nymphaea*
41	睡莲		*Nymphaea tetragona*	睡莲科 Nymphaeaceae	睡莲属 *Nymphaea*
42	猫爪草	小毛茛	*Ranunculus ternatus*	毛茛科 Ranunculaceae	毛茛属 *Ranunculus*
43	阔叶十大功劳		*Mahonia bealei*	小檗科 Berberidaceae	十大功劳属 *Mahonia*
44	南天竹		*Nandina domestica*	小檗科 Berberidaceae	南天竹属 *Nandina*
45	紫堇		*Corydalis edulis*	罂粟科 Papaveraceae	紫堇属 *Corydalis*
46	刻叶紫堇		*Corydalis incisa*	罂粟科 Papaveraceae	紫堇属 *Corydalis*
47	地锦苗		*Corydalis sheareri*	罂粟科 Papaveraceae	紫堇属 *Corydalis*
48	二球悬铃木		*Platanus acerifolia*	悬铃木科 Platanaceae	悬铃木属 *Platanus*
49	金缕梅		*Hamamelis mollis*	金缕梅科 Hamamelidaceae	金缕梅属 *Hamamelis*
50	红花檵木		*Loropetalum chinense* var. *rubrum*	金缕梅科 Hamamelidaceae	檵木属 *Loropetalum*
51	枫香		*Liquidambar formosana*	蕈树科 Altingiaceae	枫香树属 *Liquidambar*
52	榉树		*Zelkova serrata*	榆科 Ulmaceae	榉属 *Zelkova*
53	榔榆		*Ulmus parvifolia*	榆科 Ulmaceae	榆属 *Ulmus*

序号	中名	别名	拉丁名	科名	属名
54	糙叶树		*Aphananthe aspera*	大麻科 Cannabaceae	糙叶树属 *Aphananthe*
55	珊瑚朴		*Celtis julianae*	大麻科 Cannabaceae	朴属 *Celtis*
56	朴树		*Celtis sinensis*	大麻科 Cannabaceae	朴属 *Celtis*
57	构树		*Broussonetia papyrifera*	桑科 Moraceae	构属 *Broussonetia*
58	薜荔		*Ficus pumila*	桑科 Moraceae	榕属 *Ficus*
59	枫杨		*Pterocarya stenoptera*	胡桃科 Juglandaceae	枫杨属 *Pterocarya*
60	杨梅		*Myrica rubra*	杨梅科 Myricaceae	香杨梅属 *Myrica*
61	苦槠		*Castanopsis sclerophylla*	壳斗科 Fagaceae	锥属 *Castanopsis*
62	青冈		*Cyclobalanopsis glauca*	壳斗科 Fagaceae	青冈属 *Cyclobalanopsis*
63	白栎		*Quercus fabri*	壳斗科 Fagaceae	栎属 *Quercus*
64	瞿麦		*Dianthus superbus*	石竹科 Caryophyllaceae	石竹属 *Dianthus*
65	山茶		*Camellia japonica*	山茶科 Theaceae	山茶属 *Camellia*
66	茶梅		*Camellia sasanqua*	山茶科 Theaceae	山茶属 *Camellia*
67	单体红山茶	美人茶	*Camellia uraku*	山茶科 Theaceae	山茶属 *Camellia*
68	木荷		*Schima superba*	山茶科 Theaceae	木荷属 *Schima*
69	厚皮香		*Ternstroemia gymnanthera*	五列木科 Pentaphylacaceae	厚皮香属 *Ternstroemia*
70	金丝桃		*Hypericum monogynum*	金丝桃科 Hypericaceae	金丝桃属 *Hypericum*
71	秃瓣杜英		*Elaeocarpus glabripetalus*	杜英属 Elaeocarpus	杜英科 *Elaeocarpaceae*
72	梧桐		*Firmiana simplex*	锦葵科 Malvaceae	梧桐属 *Firmiana*
73	蜀葵		*Alcea rosea*	锦葵科 Malvaceae	蜀葵属 *Alcea*
74	海滨木槿		*Hibiscus hamabo*	锦葵科 Malvaceae	木槿属 *Hibiscus*
75	木芙蓉		*Hibiscus mutabilis*	锦葵科 Malvaceae	木槿属 *Hibiscus*
76	木槿		*Hibiscus syriacus*	锦葵科 Malvaceae	木槿属 *Hibiscus*
77	紫花地丁		*Viola philippica*	堇菜科 Violaceae	堇菜属 *Viola*
78	垂柳		*Salix babylonica*	杨柳科 Salicaceae	柳属 *Salix*
79	南川柳		*Salix rosthornii*	杨柳科 Salicaceae	柳属 *Salix*
80	柞木		*Xylosma congesta*	杨柳科 Salicaceae	柞木属 *Xylosma*

序号	中名	别名	拉丁名	科名	属名
81	羽衣甘蓝		*Brassica oleracea* var. *acephala*	十字花科 Brassicaceae	芸薹属 *Brassica*
82	诸葛菜	二月兰	*Orychophragmus violaceus*	十字花科 Brassicaceae	诸葛菜属 *Orychophragmus*
83	马醉木		*Pieris japonica*	杜鹃花科 Ericaceae	马醉木属 *Pieris*
84	锦绣杜鹃		*Rhododendron* × *pulchrum*	杜鹃花科 Ericaceae	杜鹃花属 *Rhododendron*
85	刺毛杜鹃		*Rhododendron championiae*	杜鹃花科 Ericaceae	杜鹃花属 *Rhododendron*
86	皋月杜鹃		*Rhododendron indicum*	杜鹃花科 Ericaceae	杜鹃花属 *Rhododendron*
87	满山红		*Rhododendron mariesii*	杜鹃花科 Ericaceae	杜鹃花属 *Rhododendron*
88	马银花		*Rhododendron ovatum*	杜鹃花科 Ericaceae	杜鹃花属 *Rhododendron*
89	溪畔杜鹃		*Rhododendron rivulare*	杜鹃花科 Ericaceae	杜鹃花属 *Rhododendron*
90	杜鹃	映山红	*Rhododendron simsii*	杜鹃花科 Ericaceae	杜鹃花属 *Rhododendron*
91	光亮山矾	棱角山矾	*Symplocos lucida*	山矾科 Symplocaceae	山矾属 *Symplocos*
92	海桐		*Pittosporum tobira*	海桐科 Pittosporaceae	海桐属 *Pittosporum*
93	溲疏		*Deutzia scabra*	绣球科 Hydrangeaceae	溲疏属 *Deutzia*
94	绣球	八仙花	*Hydrangea macrophylla*	绣球科 Hydrangeaceae	绣球属 *Hydrangea*
95	山梅花		*Philadelphus incanus*	绣球科 Hydrangeaceae	山梅花属 *Philadelphus*
96	白鹃梅		*Exochorda racemosa*	蔷薇科 Rosaceae	白鹃梅属 *Exochorda*
97	桃		*Amygdalus persica*	蔷薇科 Rosaceae	桃属 *Amygdalus*
98	碧桃		*Amygdalus persica* 'Duplex'	蔷薇科 Rosaceae	桃属 *Amygdalus*
99	梅	梅花	*Armeniaca mume*	蔷薇科 Rosaceae	杏属 *Armeniaca*
100	华中樱桃	华中樱	*Cerasus conradinae*	蔷薇科 Rosaceae	樱属 *Cerasus*
101	迎春樱桃	迎春樱	*Cerasus discoidea*	蔷薇科 Rosaceae	樱属 *Cerasus*
102	山樱花		*Cerasus serrulata*	蔷薇科 Rosaceae	樱属 *Cerasus*
103	日本晚樱		*Cerasus serrulata* var. *lannesiana*	蔷薇科 Rosaceae	樱属 *Cerasus*
104	大叶早樱		*Cerasus subhirtella*	蔷薇科 Rosaceae	樱属 *Cerasus*
105	东京樱花	日本樱花	*Cerasus yedoensis*	蔷薇科 Rosaceae	樱属 *Cerasus*
106	棣棠花		*Kerria japonica*	蔷薇科 Rosaceae	棣棠花属 *Kerria*

序号	中名	别名	拉丁名	科名	属名
107	西府海棠		*Malus × micromalus*	蔷薇科 Rosaceae	苹果属 *Malus*
108	海棠		*Malus × scheideckeri*	蔷薇科 Rosaceae	苹果属 *Malus*
109	垂丝海棠		*Malus halliana*	蔷薇科 Rosaceae	苹果属 *Malus*
110	三叶海棠		*Malus sieboldii*	蔷薇科 Rosaceae	苹果属 *Malus*
111	红叶石楠		*Photinia × fraseri*	蔷薇科 Rosaceae	石楠属 *Photinia*
112	石楠		*Photinia serratifolia*	蔷薇科 Rosaceae	石楠属 *Photinia*
113	美人梅		*Prunus blireana* 'Meiren'	蔷薇科 Rosaceae	李属 *Prunus*
114	紫叶李	红叶李	*Prunus cerasifera* f. *atropurpurea*	蔷薇科 Rosaceae	李属 *Prunus*
115	豆梨		*Pyrus calleryana*	蔷薇科 Rosaceae	梨属 *Pyrus*
116	木香花		*Rosa banksiae*	蔷薇科 Rosaceae	蔷薇属 *Rosa*
117	硕苞蔷薇		*Rosa bracteata*	蔷薇科 Rosaceae	蔷薇属 *Rosa*
118	月季花		*Rosa chinensis*	蔷薇科 Rosaceae	蔷薇属 *Rosa*
119	丰花月季		*Rosa hybrida*	蔷薇科 Rosaceae	蔷薇属 *Rosa*
120	野蔷薇		*Rosa multiflora*	蔷薇科 Rosaceae	蔷薇属 *Rosa*
121	粉团蔷薇		*Rosa multiflora* var. *cathayensis*	蔷薇科 Rosaceae	蔷薇属 *Rosa*
122	单瓣缫丝花		*Rosa roxburghii* f. *normalis*	蔷薇科 Rosaceae	蔷薇属 *Rosa*
123	玫瑰		*Rosa rugosa*	蔷薇科 Rosaceae	蔷薇属 *Rosa*
124	菱叶绣线菊		*Spiraea × vanhouttei*	蔷薇科 Rosaceae	绣线菊属 *Spiraea*
125	粉花绣线菊		*Spiraea japonica*	蔷薇科 Rosaceae	绣线菊属 *Spiraea*
126	李叶绣线菊	喷雪花	*Spiraea prunifolia*	蔷薇科 Rosaceae	绣线菊属 *Spiraea*
127	珍珠绣线菊		*Spiraea thunbergii*	蔷薇科 Rosaceae	绣线菊属 *Spiraea*
128	毛叶木瓜	木桃	*Chaenomeles cathayensis*	蔷薇科 Rosaceae	木瓜海棠属 *Chaenomeles*
129	日本木瓜	日本海棠	*Chaenomeles japonica*	蔷薇科 Rosaceae	木瓜海棠属 *Chaenomeles*
130	木瓜		*Chaenomeles sinensis*	蔷薇科 Rosaceae	木瓜海棠属 *Chaenomeles*
131	皱皮木瓜	贴梗海棠	*Chaenomeles speciosa*	蔷薇科 Rosaceae	木瓜海棠属 *Chaenomeles*
132	合欢		*Albizia julibrissin*	豆科 Fabaceae	合欢属 *Albizia*
133	紫云英		*Astragalus sinicus*	豆科 Fabaceae	黄芪属 *Astragalus*

序号	中名	别名	拉丁名	科名	属名
134	紫荆		*Cercis chinensis*	豆科 Fabaceae	紫荆属 *Cercis*
135	槐		*Sophora japonica*	豆科 Fabaceae	苦参属 *Sophora*
136	紫藤		*Wisteria sinensis*	豆科 Fabaceae	紫藤属 *Wisteria*
137	胡颓子		*Elaeagnus pungens*	胡颓子科 Elaeagnaceae	胡颓子属 *Elaeagnus*
138	金边胡颓子		*Elaeagnus Pungens* 'Aurea'	胡颓子科 Elaeagnaceae	胡颓子属 *Elaeagnus*
139	紫薇		*Lagerstroemia indica*	千屈菜科 Lythraceae	紫薇属 *Lagerstroemia*
140	石榴		*Punica granatum*	千屈菜科 Lythraceae	石榴属 *Punica*
141	倒卵叶瑞香		*Daphne grueningiana*	瑞香科 Thymelaeaceae	瑞香属 *Daphne*
142	毛瑞香		*Daphne kiusiana* var. *atrocaulis*	瑞香科 Thymelaeaceae	瑞香属 *Daphne*
143	结香		*Edgeworthia chrysantha*	瑞香科 Thymelaeaceae	结香属 *Edgeworthia*
144	红瑞木		*Cornus alba*	山茱萸科 Cornaceae	山茱萸属 *Cornus*
145	四照花		*Cornus kousa* subsp. *Chinensis*	山茱萸科 Cornaceae	山茱萸属 *Cornus*
146	山茱萸		*Cornus officinalis*	山茱萸科 Cornaceae	山茱萸属 *Cornus*
147	花叶青木	洒金珊瑚	*Aucuba japonica* var. *variegata*	丝缨花科 Garryaceae	桃叶珊瑚属 *Aucuba*
148	红花酢浆草		*Oxalis corymbosa*	酢浆草科 Oxalidaceae	酢浆草属 *Oxalis*
149	紫叶酢浆草		*Oxalis triangularis* 'Urpurea'	酢浆草科 Oxalidaceae	酢浆草属 *Oxalis*
150	卫矛		*Euonymus alatus*	卫矛科 Celastraceae	卫矛属 *Euonymus*
151	小叶扶芳藤		*Euonymus fortunei* var. *radicans*	卫矛科 Celastraceae	卫矛属 *Euonymus*
152	冬青卫矛	大叶黄杨	*Euonymus japonicus*	卫矛科 Celastraceae	卫矛属 *Euonymus*
153	金边黄杨		*Euonymus japonicus* var. *aurea-marginatus*	卫矛科 Celastraceae	卫矛属 *Euonymus*
154	枸骨		*Ilex cornuta*	冬青科 Aquifoliaceae	冬青属 *Ilex*
155	龟甲冬青		*Ilex crenata* var. *convexa*	冬青科 Aquifoliaceae	冬青属 *Ilex*
156	乌桕		*Triadica sebifera*	大戟科 Euphorbiaceae	乌桕属 *Triadica*
157	橄榄槭		*Acer olivaceum*	无患子科 Sapindaceae	槭属 *Acer*
158	三角槭	三角枫	*Acer buergerianum*	无患子科 Sapindaceae	槭属 *Acer*
159	秀丽槭		*Acer elegantulum*	无患子科 Sapindaceae	槭属 *Acer*
160	鸡爪槭		*Acer palmatum*	无患子科 Sapindaceae	槭属 *Acer*

序号	中名	别名	拉丁名	科名	属名
161	红枫		*Acer palmatum* 'Atropurpureum'	无患子科 Sapindaceae	槭属 *Acer*
162	羽毛槭	羽毛枫	*Acer palmatum* var. *dissectum*	无患子科 Sapindaceae	槭属 *Acer*
163	小鸡爪槭		*Acer palmatum* var. *thunbergii*	无患子科 Sapindaceae	槭属 *Acer*
164	七叶树		*Aesculus chinensis*	无患子科 Sapindaceae	七叶树属 *Aesculus*
165	全缘叶栾树	黄山栾树	*Koelreuteria bipinnata* var. *integrifoliola*	无患子科 Sapindaceae	栾属 *Koelreuteria*
166	无患子		*Sapindus saponaria*	无患子科 Sapindaceae	无患子属 *Sapindus*
167	南酸枣		*Choerospondias axillaris*	漆树科 Anacardiaceae	南酸枣属 *Choerospondias*
168	柚		*Citrus maxima*	芸香科 Rutaceae	柑橘属 *Citrus*
169	香橼		*Citrus medica*	芸香科 Rutaceae	柑橘属 *Citrus*
170	八角金盘		*Fatsia japonica*	五加科 Araliaceae	八角金盘属 *Fatsia*
171	常春藤		*Hedera nepalensis* var. *sinensis*	五加科 Araliaceae	常春藤属 *Hedera*
172	夹竹桃		*Nerium indicum*	夹竹桃科 Apocynaceae	夹竹桃属 *Nerium*
173	络石		*Trachelospermum jasminoides*	夹竹桃科 Apocynaceae	络石属 *Trachelospermum*
174	臭牡丹		*Clerodendrum bungei*	唇形科 Lamiaceae	大青属 *Clerodendrum*
175	水蜡烛		*Dysophylla yatabeana*	唇形科 Lamiaceae	水蜡烛属 *Dysophylla*
176	活血丹		*Glechoma longituba*	唇形科 Lamiaceae	活血丹属 *Glechoma*
177	假龙头花		*Physostegia virginiana*	唇形科 Lamiaceae	假龙头花属 *Physostegia*
178	金钟花		*Forsythia viridissima*	木犀科 Oleaceae	连翘属 *Forsythia*
179	野迎春	云南黄馨	*Jasminum mesnyi*	木犀科 Oleaceae	素馨属 *Jasminum*
180	迎春花		*Jasminum nudiflorum*	木犀科 Oleaceae	素馨属 *Jasminum*
181	金森女贞		*Ligustrum japonicum* var. *howardii*	木犀科 Oleaceae	女贞属 *Ligustrum*
182	女贞		*Ligustrum lucidum*	木犀科 Oleaceae	女贞属 *Ligustrum*
183	水蜡		*Ligustrum obtusifolium*	木犀科 Oleaceae	女贞属 *Ligustrum*
184	小叶女贞		*Ligustrum quihoui*	木犀科 Oleaceae	女贞属 *Ligustrum*
185	小蜡		*Ligustrum sinense*	木犀科 Oleaceae	女贞属 *Ligustrum*
186	银姬小蜡		*Ligustrum sinense* var. *variegatum*	木犀科 Oleaceae	女贞属 *Ligustrum*
187	木犀	桂花	*Osmanthus fragrans*	木犀科 Oleaceae	木犀属 *Osmanthus*

序号	中名	别名	拉丁名	科名	属名
188	密蒙花		*Buddleja officinalis*	玄参科 Scrophulariaceae	醉鱼草属 *Buddleja*
189	白花泡桐		*Paulownia fortunei*	泡桐科 Paulowniaceae	泡桐属 *Paulownia*
190	凌霄		*Campsis grandiflora*	紫葳科 Bignoniaceae	凌霄属 *Campsis*
191	厚萼凌霄	美国凌霄	*Campsis radicans*	紫葳科 Bignoniaceae	凌霄属 *Campsis*
192	栀子		*Gardenia jasminoides*	茜草科 Rubiaceae	栀子属 *Gardenia*
193	六月雪		*Serissa japonica*	茜草科 Rubiaceae	白马骨属 *Serissa*
194	锦带花		*Weigela florida*	忍冬科 Caprifoliaceae	锦带花属 *Weigela*
195	大花六道木		*Abelia × grandiflora*	忍冬科 Caprifoliaceae	糯米条属 *Abelia*
196	郁香忍冬		*Lonicera fragrantissima*	忍冬科 Caprifoliaceae	忍冬属 *Lonicera*
197	蝟实		*Kolkwitzia amabilis*	忍冬科 Caprifoliaceae	蝟实属 *Kolkwitzia*
198	粉团		*Viburnum plicatum*	五福花科 Adoxaceae	荚蒾属 *Viburnum*
199	绣球荚蒾	木绣球	*Viburnum macrocephalum*	五福花科 Adoxaceae	荚蒾属 *Viburnum*
200	水金英	水罂粟	*Hydrocleys nymphoides*	泽泻科 Alismataceae	水金英属 *Hydrocleys*
201	杜若		*Pollia japonica*	鸭跖草科 Commelinaceae	杜若属 *Pollia*
202	紫竹梅	紫叶鸭跖草	*Setcreasea purpurea*	鸭跖草科 Commelinaceae	紫竹梅属 *Setcreasea*
203	凤尾竹		*Bambusa multiplex* f. *fernleaf*	禾本科 Poaceae	簕竹属 *Bambusa*
204	蒲苇		*Cortaderia selloana*	禾本科 Poaceae	蒲苇属 *Cortaderia*
205	四季竹		*Oligostachyum lubricum*	禾本科 Poaceae	少穗竹属 *Oligostachyum*
206	芦苇		*Phragmites australis*	禾本科 Poaceae	芦苇属 *Phragmites*
207	棕叶狗尾草		*Setaria palmifolia*	禾本科 Poaceae	狗尾草属 *Setaria*
208	芭蕉		*Musa basjoo*	芭蕉科 Musaceae	芭蕉属 *Musa*
209	姜花		*Hedychium coronarium*	姜科 Zingiberaceae	姜花属 *Hedychium*
210	美人蕉		*Canna indica*	美人蕉科 Cannaceae	美人蕉属 *Canna*
211	再力花		*Thalia dealbata*	竹芋科 Marantaceae	水竹芋属 *Thalia*
212	黄花菜		*Hemerocallis citrina*	阿福花科 Asphodelaceae	萱草属 *Hemerocallis*
213	萱草		*Hemerocallis fulva*	阿福花科 Asphodelaceae	萱草属 *Hemerocallis*
214	大花萱草		*Hemerocallis hybridus*	阿福花科 Asphodelaceae	萱草属 *Hemerocallis*

序号	中名	别名	拉丁名	科名	属名
215	老鸦瓣		*Tulipa edulis*	百合科 Liliaceae	郁金香属 *Tulipa*
216	紫萼		*Hosta ventricosa*	天门冬科 Asparagaceae	玉簪属 *Hosta*
217	阔叶山麦冬		*Liriope muscari*	天门冬科 Asparagaceae	山麦冬属 *Liriope*
218	山麦冬		*Liriope spicata*	天门冬科 Asparagaceae	山麦冬属 *Liriope*
219	沿阶草	书带草	*Ophiopogon bodinieri*	天门冬科 Asparagaceae	沿阶草属 *Ophiopogon*
220	吉祥草		*Reineckea carnea*	天门冬科 Asparagaceae	吉祥草属 *Reineckea*
221	凤尾丝兰	凤尾兰	*Yucca gloriosa*	天门冬科 Asparagaceae	丝兰属 *Yucca*
222	水鬼蕉		*Hymenocallis littoralis*	石蒜科 Amaryllidaceae	水鬼蕉属 *Hymenocallis*
223	忽地笑		*Lycoris aurea*	石蒜科 Amaryllidaceae	石蒜属 *Lycoris*
224	中国石蒜		*Lycoris chinensis*	石蒜科 Amaryllidaceae	石蒜属 *Lycoris*
225	长筒石蒜		*Lycoris longituba*	石蒜科 Amaryllidaceae	石蒜属 *Lycoris*
226	石蒜		*Lycoris radiata*	石蒜科 Amaryllidaceae	石蒜属 *Lycoris*
227	换锦花		*Lycoris sprengeri*	石蒜科 Amaryllidaceae	石蒜属 *Lycoris*
228	稻草石蒜		*Lycoris straminea*	石蒜科 Amaryllidaceae	石蒜属 *Lycoris*
229	水仙		*Narcissus tazetta* var. *chinensis*	石蒜科 Amaryllidaceae	水仙属 *Narcissus*
230	葱莲		*Zephyranthes candida*	石蒜科 Amaryllidaceae	葱莲属 *Zephyranthes*
231	韭莲		*Zephyranthes carinata*	石蒜科 Amaryllidaceae	葱莲属 *Zephyranthes*
232	射干		*Belamcanda chinensis*	鸢尾科 Iridaceae	射干属 *Belamcanda*
233	雄黄兰	火星花	*Crocosmia* × *crocosmiiflora*	鸢尾科 Iridaceae	雄黄兰属 *Crocosmia*
234	蝴蝶花		*Iris japonica*	鸢尾科 Iridaceae	鸢尾属 *Iris*
235	黄菖蒲		*Iris pseudacorus*	鸢尾科 Iridaceae	鸢尾属 *Iris*

推荐观赏植物二维码

推荐植物组合二维码